台灣百大創享家 專蒐正向鑄就者

汗淚交織全紀錄 失敗勝利秒蛻變

襄助借鑒若珍寶 營造傑出真夢想

塵寰逆旅奔波路 泥水行舟艱鉅難

反超扭轉頗不易 嶄新思維更殊為

性命故事成教案 青銀共築是雙贏

序：勇敢承擔--延續傳承與創享

這是延續臺灣第一間生命故事博物館在2022年國際文件展（六月18日至九月25日）順利完成後，由插秧教育諮詢有限公司專書出版後的重要出版計畫，專注於：精心收錄臺灣各行各業以及社會上最憾動人心的創新創業與生命故事，俾能拋磚引玉，喚醒國人積極樂活！筆者是在1990年六月初出版第一本書，到2020年時已經累積出版超過三十本作品，歷經疫情三年多的衝擊且堅持下去，筆者相信：持續完成好書之不朽的立言應該是全球創享家的格局與遠見！創業本來就是一件非常不容易的事，每一位創業者一定都經歷過許多人無法想像的事物，或許在別人的眼中，創業成功者其生活是充滿許多光鮮與亮麗，但更多的真實則是在每個深夜中，只有創業家自己與自己的生命對話。其實不論過去的困境或未來的逆境，都只有自己堅持的信念會一直與自己相隨，我們在當下將努力為有緣的創享家寫下屬於創新創業與生命分享的不朽故事吧！

臺灣百大創享家的計畫說明是針對臺灣各行業以及相關人士的生命故事做為書籍專訪的基礎，透過傾聽創享家的生命故事，共同體驗著曾為生命打拚的美好與幸福，用創享的生命故事激勵著讀者們的內心，讓我們共同遇見最感人與最激勵人心的故事，一起燃起對生命的尊敬與熱愛！而計畫的內容是：本書採圖文並陳的方式呈現，除了忠實介紹生命故事的特點外，並以深入寫實的方式訪談創業者的創業理念、經營方向、創業中的甘苦談亦或是屬於自己本身的生命旅程與感動，藉由精闢的文字與精準的照片相互結合來分享給一般社會大眾。縱觀目前市面上有關創業或是生命歷程的書籍並不多見，絕大多數都為稍具企業規模之企業家以及頗具知名度的各界人士，所以廣邀每一位願意將自身最初的信念與夢想傳達出去的素人們，用文字出版的方式，給予一般社會大眾及想創業的年輕人能夠感受各位所傳達的正向能量與堅持夢想的一份勇氣，並藉由文字為各位為地球留下永恆的痕跡。

本書除了一般文字採訪外，並同步發行電子書。本書預計2023年元月11日出版，出書後將於臺灣各大網路書店以及實體書店等陳列，並邀請書中所有主角共同參與舉辦新書發表簽書會，也同步於各大媒體發布新聞稿。筆者在2018年八月初公教職退休後堅持「活出：陪年輕人走一段創業的路」這樣的理念，畢竟：人類因夢想而偉大，本次出版之書籍以延續「臺灣Siloam生命故事博物館」的本質，以大愛與分享將這些有其意義的故事轉換成文字記錄，我們堅持為許多生命旅程中的鬥士，保存著屬於自己的傳承與意義。目前現階段以虛實整合方式一步一腳印，紀錄臺灣各行各業以及社會上最憾動人心的創業與生命歷程故事，我們會將夢想化為最強大的力量，為精彩的百位或千萬位人生留下永不抹滅的鮮明印記！

林作賢

（臺北市立大學2022年傑出校友）

2023.1.11

目　錄

諾貝爾奶凍創辦人

張智聰

以堅毅為墨刻苦為筆 雋刻台灣甜點界的傳奇

宜蘭的諾貝爾奶凍幾乎全台無人不知無人不曉，但卻少人知道創辦人張智聰先生，是花費多少的時間與精力，一切從無到有完成這項全台皆知的甜點。幼時貧困的環境，並未擊倒這位台灣甜品界的巨人，認真刻苦的態度，沒有任何深厚的背景以及高學歷，赤手空拳打出屬於自己的一片天，也為諾貝爾奶凍這塊招牌鍍上只屬於它的耀眼光芒。

父親的荷包蛋便當 激發勇往直前的鋼鐵意志

張智聰出生於宜蘭縣員山鄉枕山村，在6、70年代，這裡是個窮鄉僻壤的小村莊，多數的居民皆務農維生，張智聰的祖父及父親亦是如此。雖然家境非常窮困，但一家人倒也其樂融融，但因一場疾病讓弟弟早夭，而母親無法面對喪子之痛的精神壓力後導致精神失常、生活無法自理。

龐大的醫療與安置費用，讓這個原本貧困的家庭雪上加霜，父親除了種植蓮霧之外，空檔時間則是四處充當農務的臨時工，哪裡有缺人便去哪裡幫忙，為的只是能夠多賺些錢維持家計，因為父親在外工作的時間相當長，便由外公、外婆代為照顧。也因為有著這樣的家境，張智聰自幼便比一般同齡的小孩來得早熟。

記得有次好不容易看見父親回家，看著父親全身上下滿是泥濘，便衝

上前去擁抱著自己的父親，而父親還是一樣露出慈愛的笑容摸著他的小腦袋說：「快去寫功課，阿爸先去清洗一下」，張智聰乖巧著應了一聲後，便幫父親把一些工具整理好，一眼撇見父親的便當盒，原本想清洗一下，卻發現仍舊是有些重量，打開後發現便當盒完全沒有動過，裡面只有米飯還有一顆荷包蛋，張智聰直接愣在原地，因為他知道這就是父親的三餐，而且今天忙到沒有時間吃飯，才把便當帶回來吃，當下眼淚止不住地開始滑落，心疼自己的父親這樣辛苦，應該更要好好的用功念書才行，因為每次只要成績好，父親總是會非常開心，希望父親能夠看見自己的成績好感到開心與驕傲。當下擦拭自己的淚水，又若無其事地把便當放回去後，坐在一旁開始溫書，更暗暗下決定以後的自己一定要能夠出人頭地，好好的照

顧祖父、父親還有生病的母親，在昏黃燈光下的小茅草屋中，張智聰小小的身影，卻在此刻顯得越發的強大。

張智聰雖然家境窮困，但是學習成績卻非常優秀，從國小到國中一直都是在前段班，除了學業表現優異外，美術的天份也在這時嶄露無遺，經常代表學校參與各類比賽榮獲不少佳績，而學校的師長也對張智聰關愛有加，國中畢業後原本打算繼續升學，早熟的他早有了大人的思維，在幾經衡量後，便作出決定，不繼續升學直接工作。因為父親工作太過辛勞，不想再讓他為了自己日後的學費與生活擔憂，也覺得自己有能力可以出外謀生，更能夠減輕父親肩上的壓力，於是就在親友的介紹下，來到台北從事手繪廣告看板的工作，憑藉著自身美術的天分，開啟廣告看板製作的生涯。在那個年代幾乎所有的廣告都需要倚靠人力繪製完成，舉凡一般小餐館的價目表，大到電影街上的宣傳看板都是這樣完成，而其中最重要的莫過於文字書寫，只要字寫得好，客源便會接踵而來。而張智聰的個性一但決定要做就定做到最好，所以每次工作完畢後，便用白報紙開始練習書法，寫完後便疊在一旁，也因為這樣練習著，沒多久在書寫文字上有著師傅級的水準。這樣的工作大約持續九個月，等準備離開工作崗位時，收拾起當初練習的白報紙疊起來莫約一個成人高度，由此可知張智聰內心真猶如鋼鐵般的堅強，且對於事情認真的態度，絕非一般人能夠比擬。

要在吊車上空中作業，而且經常爬上爬下，稍不留神要是發生意外會造成相當大的影響。於是張智聰便在阿姨一通電話下一口答應，介紹他至板橋幸福路內菜市場中的麵包店內當學徒，也因為這樣的轉折，讓張智聰開啟人生中另一場的序幕。

上班的第一天，對於麵包製作完全外行的張智聰，就從上班時間持續站立工作到晚間11點才下班，下班後老闆看著張智聰問道：「這樣的工作還習慣嗎？你明天還會不會來上班？」此時張智聰強忍著長期站立腿部的不適感，強忍微笑地告訴老闆：「謝謝老闆，我會努力學習，我明天還是會過來的請您放心。」

無意間的轉折
為未來創業旅程扎下根基

張智聰少年時雖然在北部忙碌著，但一有空檔便會奔赴回家對父母盡孝道，看著漸漸年邁的母親，張智聰也想著未來的出路與方向。正巧板橋阿姨打電話給他，阿姨覺得既身為獨子，應該要多注意自身的安危，尤其是現在做廣告看板繪製的工作、繪製戶外大型看板時，需

因為一整天的工作，老闆都在默默的觀察，也覺得這個小夥子真的任勞任怨非常的努力，就這樣張智聰也正式成為麵包學徒。在當時一般學徒的薪資是3,000元，但是老闆因為非常地看重張智聰，便給了他每個月5,000元的薪資，這對於10多歲的張智聰來說自然是一筆非常不錯的報酬。而張智聰在擔任學徒期間，秉持著認真與積極的心態，去完成每一樣店內師傅所交代的事項，非常努力學習著製作西點麵包的製程。但早期的師傅常常都會有留一手的習慣，許多較為重要的原料配方比例或是製程，通常不會教，而學徒想要知道所有的製程，都只能偷偷地學。因為師傅都只會口頭告知，這種麵包或是西點麵粉比例是多少？然後重要的原料是甚麼等等，身為學徒當然也不可能現場拿著筆記，將剛剛師傅說的事詳細紀載下來，所以上班時間的張智聰總會在身上藏著一支筆還有一本小的筆記本，一旦師傅談到重要的配方斤兩時便記在腦中後，立即向師傅佯稱肚子不舒服，再趁著上廁所的時間，將剛剛師父所說的盡速筆記下來。

也因此讓張智聰對於許多的西點麵包製程，了然於心。

而下班後的張智聰，並沒有一般時下年輕人的習氣，吃喝玩樂都不在他的下班行程中，他最多的時間反而是購買許多烘培方面的專門書籍，不然就是去板橋車站附近的麵包店中，看看有哪些西點蛋糕、麵包是自己不會的，便在一旁看著成品一邊琢磨著，許多想法在腦中自然的生成，也因為張智聰這般堅持學習著，雖然還是學徒的身分，但是他製作的西點早已有了師傅級的水準。

重返宜蘭努力扎根
努力不懈堅毅前行

在板橋這家西點麵包店工作一段不算短的時日後，便想著回到宜蘭發展也可以照顧父母，

之後便進入宜蘭頂好麵包店工作，記得應徵當日，老闆覺得這樣的年輕小伙子不知道是否能勝任，便直接當場測試工作能力，測試後讓老闆大為讚賞，就以每個月8,000元的薪資錄用張智聰。在當時頂好最受歡迎的產品就是鳳梨酥，也是店內的金雞母，而配方機密又掌握在同為麵包師傅老闆娘的親弟弟手上，而製作鳳梨酥最重要的奶粉配重比例，張智聰是完全無法取得這個重資訊，即使他想方設法仍舊無法破解這個最重要的斤兩，某日張智聰正在製作西點時，想起明天正好要製作300個鳳梨酥，忽然靈機一動，便將一旁整袋的奶粉拿去秤重，等待鳳梨酥製作完成後，再偷偷地秤一次奶粉袋的重量，相減之下就得到鳳梨酥最關鍵的奶粉配方比例。講到這，張智聰也笑著說當初為了偷學也是無所不用其極，後來張智聰也覺得在頂好西點學習的事物告一段落後，便轉到當時頗具知名度的富士屋任職，此時的張智聰早已不在是學徒的身分，而是一位非常優秀的西點麵包師傅，月薪也高達35,000元，也在此時張智聰完成自己的終身大事，擁有自己的家庭，當年21歲的他收到兵單進入部隊接受磨練，家中就留下自己心愛的妻子，獨自一人照顧著家中瞎眼的阿公、父親以及患有精神障礙的母親與兩個女兒，原本承擔經濟大責的張智聰入伍後，也讓原本不甚富裕的家庭更加顯得困苦，而當下在花蓮服役的張智聰便向自己的營輔導長誠懇地告知目前家中的困境，希望能夠通融讓自己在晚間時刻，外出打工以維持家計。而營輔導長在得知張智聰的困境後，便破例地讓張智聰能夠在營區附近打工，讓張智聰能夠兼顧自身的兵役與家庭。

退伍後的張智聰，因為過往在富士屋優異的表現，也重新回到老東家的店內就職，此時台灣的西點界更是百花齊放的時刻，常有許多大型的西點原料商會邀請國外的專業西點師傅來台授課，如日本、比利時、意大利的師傅等，而最受歡迎的應當就是法國師傅，為此張智聰也趁這樣的機緣，與多名法國的師傅進行學習與交流，更一次性的購買約五萬元原文專業法國烘焙書，一有空檔便

在書中鑽研，雖然不認識法文，但是就從書中精美成品圖片中一一地去探索，竟然也讓他對於法式西點作法有相當的心得，張智聰一方面積極地吸取知識，二方面或許是天賦使然，他常常可以憑藉一張西點或是麵包的照片，去推斷出成分是甚麼？所以在當時張智聰閒暇之餘的最大嗜好，便是帶著相機去台北各大五星級的西點櫥窗拍攝照片，但這樣的行為常常會被嚴厲的禁止，後來張智聰便常常以觀光旅遊客的身分帶著妻女去各大飯店，告訴服務人員說你們的西點蛋糕真是漂亮，是否能夠當成背景讓我替妻女拍張照片，殊不知張智聰的鏡頭，往往都是瞄準著櫥窗內看起來精美可口的精緻西點。就這樣日積月累的照片數量也高達一萬多張。也在這一張張的照片中，民國八十七年在妻子的鼓勵下，開設屬於自己的店面「諾貝爾西點麵包店」，正式的創造屬於他傳奇的一頁。

開店初期其實並不順遂，由於資金並不十分寬裕，在樽節支出的考量下，張智聰既要製作西點又要擔任送貨司機、還有業務，整天忙得不可開交，雖然這樣的努力，營收仍舊無法提升，常常需要借貸才能夠維持店內的正常運營，但張智聰堅毅不饒挺過一次次的難關，因為自己知道絕對不能失敗，一但失敗自己就沒有任何退路可言。就這樣經歷三年風風雨雨的耕耘，後期總算能夠維持收支平衡且尚有一些結餘，看著自己的心血慢慢茁壯，心中也有了一絲絲的欣慰，空閒之餘，張智聰仍舊想方設法的看是否能夠提升營收。就在此時，張智聰

與妻子正參加日本2007年的烘焙展，就在返回住宿飯店的途中，看見路邊的一家蛋糕店排著一大群人潮，每位客人都是衝著這樣商品而來，張智聰在好奇下也跟著人潮排隊購買商品回到飯店品嘗，一進飯店夫妻倆就一邊品嘗一邊研究，口感著實讓人驚艷不已，張智聰就這樣一邊吃著一邊作著筆記。回到台灣後，張智聰便迅速開始新商品的研發，因為他知道這項商品，一定可以成為店內最高人氣的明星商品。

爾後，張智聰每天忙完店內的例行事物後，便埋首新商品的研發，常常研發至半夜2、3點才休息，而妻子非常心疼他如此廢寢忘食的研究，只能默默陪伴與守候，每每有些許的突破時，張智聰也會非常開心地與妻子分享自己的成果。就這樣歷經大半年的光景，失敗的廢品應該也有幾百公斤。就在這樣堅持努力之下，張智聰總算重新還原當初在日本品嘗的這道日式西點，並取名「諾貝爾奶凍」。甫一推出便受到大大歡迎，許多人紛紛讚嘆這樣的好味，後來一位遠在台北的部落客恰巧來到店中品嘗，驚訝這樣好吃的甜點後，便在網路上分享引發熱潮，一時間「諾貝爾奶凍」聲名大噪、轟動全台，也因此吸引許多網紅美食節目前來拍攝。而全省各地來店中指名購買奶凍捲的民眾絡繹不絕，甚至需要採取限購的方式才不至於混亂，也因著「諾貝爾奶凍」引領台灣的新浪 潮，成為宜蘭最受大家追捧的伴手禮，也讓張智聰一舉成為台灣甜品界的傳奇人物。

恪遵孝道奉行公益
推展母娘傳統信仰文化

自幼貧困的張智聰，雖然事業有成，但是仍不忘初心。在地方上貢獻善心扶貧濟弱，義不容辭提供各類資源，希望讓面臨困頓的鄉親能夠逐步走出人生的低谷，而一路走來，張智聰也常面臨許多低潮期，但因為有著對於母娘的信仰，常讓他能夠在祂的庇護下安然地度過危機。民國93年，張智聰先生在友人的介紹下，來到位於宜蘭冬山鄉昭母宮參拜，這是張智聰第一次與瑤池金母結緣，一進宮中見到母娘神尊時，張智聰瞬時感應母恩，或許是自幼因母親生病之故，享受不到母愛的關懷，在見到母娘神尊後，一股暖流注入心中，彷若聽到母娘的切切呼喚說「吾兒、你總算來了！」也就在這樣痛哭失聲之際，張智聰的內心也在這一刻獲得解脫，自小到大的心路歷程，有苦難言的狀況，都在母娘這裡得到深深地安慰。就這樣張智聰便偕同自己的妻子，開啟自己靈修打坐的歷程，也在宮中參與了許多事務，一晃眼就是九年。

張智聰本身育有二女一男，某日就讀於台中嶺東科大的大女兒因身體不適，被送入台中榮總急診，後

經檢查後發現罹患「多發性硬化症」的罕見疾病，在接獲通知後，夫妻倆便急速驅車台中，想在最短的時間內看見自己的心愛女兒。一路上張智聰萬分著急，心中更向母娘祈請，希望母娘慈悲能夠護持守護自己的女兒，只要母娘能夠讓女兒恢復健康，自己會盡速開設宮廟，格遵自己領受的使命與職責，一心一意為母娘濟世的宏願貢獻自己服務世人。也是因為當下這樣的宏願，原本治癒機率不大的女兒，在幾次診療下也奇蹟式的好轉。也因這份緣由，讓張智聰在民國101年在宜蘭三星鄉籌建「三星無極慈皇宮」，同年的六月正式竣工，也成為宜蘭當地居民極為重要的信仰中心之一。因為自己在母娘身邊修持，所以對於母娘關愛眾生的心是非常明瞭而且感同身受，自己興建宮廟除了當初發的宏願外，也希望能夠幫助世間困難之人，再者迴向給自己的父母以及後代的子孫，也一併傳達母娘對於孝道的看重，因為母娘已經多次用許多的方式，傳達「孝」與「善」的重要性，所以這二十多年來，張智聰常以孝與善作為自己人生上的圭臬，並且長期的支助貧困家庭，勵行各類公益善行活動，以期用自己的影響力，發揚母娘對於孝道的真諦，更希望將母娘的精神從宜蘭出發，散播至全台灣甚至全世界，讓有緣的人們都能夠沐浴在母娘關愛的懷抱中，共同打造一個祥和有愛的社會氛圍。

李詩彥 張佳蓁 張正謙

打破教育迷思
讓孩子在自學的天空下飛舞

「自學」這個詞，這幾年常常出現，更是國內教育界的革新。在國外「自學」是件蠻稀鬆平常的事情，但因中西方教育體制上的不同，在國內算是實驗階段。身為母親的李詩彥在親友與旁人的質疑眼光中，帶著一雙兒女走向自學之路，並在她堅定努力下讓自己的孩子在自學道路上發光發熱。也讓許多想要讓孩子自學的家長們，有了更確定的目標與方向，期待每一位自學的孩子能夠在求知的旅途上感受到那份美好，圓滿並充實屬於自己的人生。

勇敢且堅定
給予孩子一份特別的愛

身為人母的李詩彥出身在一個非常平凡的家庭，幼時父親為了家計長年在海上跑船，在家的時間並不多，家中除了李詩彥和哥哥與母親，還有外婆與表弟、表妹，算的上相當熱鬧。因母親個性總抱持著寧可虧待自己也不會虧待別人的人。所以在她心中自己和哥哥年紀稍長，所以在生活起居上常會忽略兄妹倆，而把照顧的重心放在表弟與表妹身上。也因這樣的成長環境再加上自己本來就是屬於內向與靦腆的個性，自然而然生活周遭也就沒啥較親近的朋友。在上學階段總是感覺一個人孤孤單單，而那時唯一能夠陪伴自己的就只有哥哥，便把哥哥當成自己生活中的重心，不管喜怒哀愁都會跟哥哥訴說，所以自幼至今與哥哥的感情都非常濃

厚。因為從小到大與父母的交流非常少，感情更是十分淡薄，直到成年之後與父母之間的關係才變得較為親近。

原本高三畢業那年想繼續升學，但是家中遭逢劇變，迫不得已只能直接進入職場工作，放棄原本升學的計畫。畢業後便經由阿姨的介紹進入一家證券公司工作，開始過著朝九晚五的生活。雖然有份穩定的收入來源，但對於現況始終是無法滿意。就這樣李詩彥思索一陣子後，便決定利用工作之餘去學習有興趣的課程，只因想改變現狀，而學習是改變的不二法門。就在這樣的意念下，李詩彥上了有生以來的第一堂課程，也開啟李詩彥學習的旅程。而這堂課也蠻特別的，是由「有錢人想的跟你不一樣」的作者『哈佛．艾克』創辦的MMI課程，透過這次上課讓李詩彥真正的領略到，原來學習不一定必須坐在教室裡聽老師講課，也可以有不同的方式，學習可以是輕鬆愉快，更可以是五感並進的，也能是開心愉悅。就這樣經由這堂課，打開了李詩彥對於學習的熱情與體驗，後來更透過「布萊爾．辛格」的銷售課程，克服內心最深層的恐懼。記得當天上課約有200多名的學員，而李詩彥是第一個衝上講台分享心得的學員，有生以來第一次在台前接受這麼多人的掌聲。而下台的那一刻李詩彥充滿著喜悅與自信，也因這堂的影響改變自己許多思維，變的更加樂觀與積極。

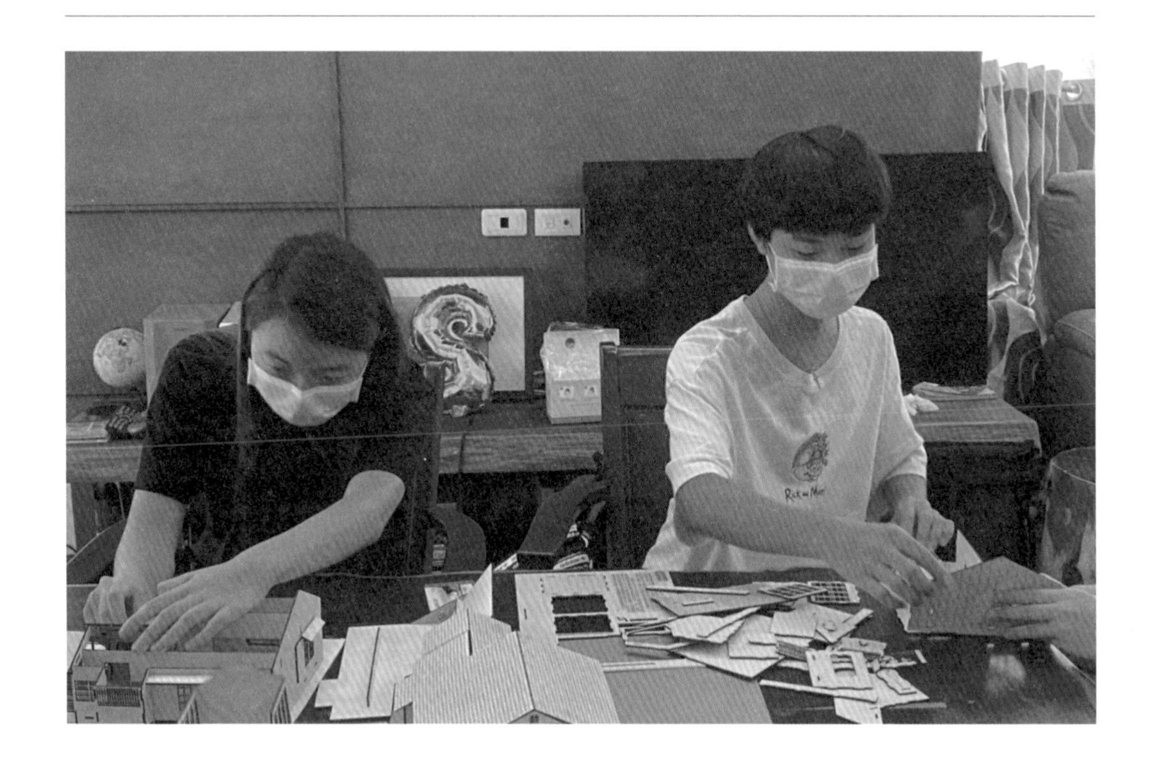

李詩彥本身是個穩定度相當高的人，所以就在證券業一待就是20年的光景，也在這裡結識生命中重要的另一半，生活中先生對李詩彥百般寵溺，工作上更是相互扶持的好夥伴。

二人在台北共同生活一陣子後，因為婆婆年歲漸增需要有人照顧，便一起帶著兩個小孩回到宜蘭頭城正式定居，雖然因為工作之故，每天台北宜蘭往返，生活辛勞倒也甜蜜。但這樣早出晚歸奔波的日子，也讓李詩彥的身體開始出現一些無法負擔的狀況。在醫生的建議下辭去原本的工作調養身體，也開始經營自己的店，幫先生維持家計、減輕他身上的負擔。隨著佳蓁與正謙漸漸長大，日子倒也十分平順。由於自幼缺乏母親的關愛，所以深知陪伴孩子的重要性，而孩子陸續就學後，陪伴他們的時間也少了許多。平日忙於店內的生意，假日更無法陪伴他們，漸漸地與孩子之間的交流也變得非常少，尤其是女兒在念國一時，每天下課便是直奔補習班，回到家中便又開始準備明天的課業，

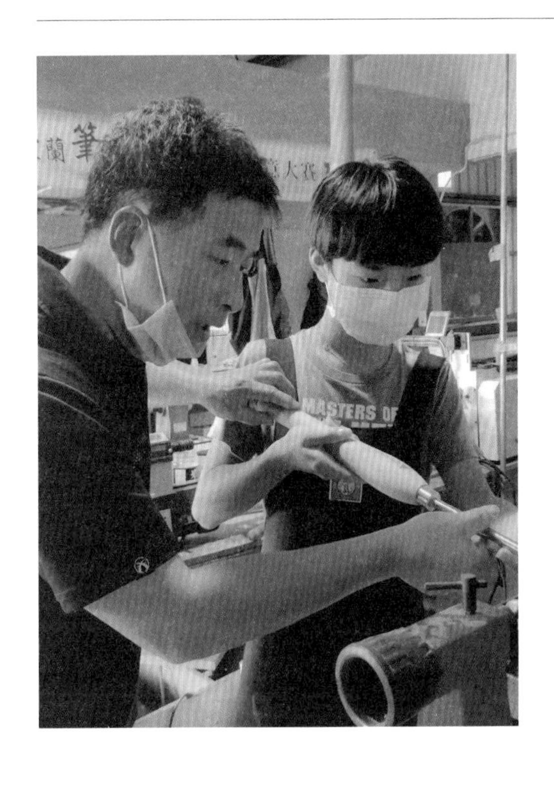

常常直至深夜才就寢，一開始李詩彥也沒有特別去注意她的身心狀況，只覺得她能把課業顧好就行。後來發現她的情緒變得非常低落也不喜歡跟李詩彥訴說平日發生的事情。

一回家就是反鎖在房間中，有次李詩彥忍不住跟她長談後，才發現她覺得現在的課業壓力相當的大，有些不堪負荷，連帶也影響自己的心情每天都非常沉重，不知該如何是好，李詩彥也在思索著有甚麼樣的方式能夠讓女兒開心的學習與成長。

踏上自學的旅程
給予一雙自由的翅膀

正當李詩彥還在為著女兒佳蓁的狀況發愁時，忽然想到之前『頭城長老教會』邀請伯杰牧師分享過「為耶穌做自學」的這個議題，便開始搜尋有關於自學的資訊，也聯想到過往自己在外頭聽課、學習的過程，後續閱讀了自學之父陳怡光的著作「我家就是國際學校」之後，覺得自學對於孩子來說是一項

不錯的學習方向，後來不顧家人及親友的反對，與先生商議後便大膽的向教育部門申請，讓佳蓁在國一下學期開啟她的自學之旅。

而張佳蓁在談起當初自學的情境時說道：那時正當國一下學期的某天，母親忽然問起要不要開始自學，當時也不知道自學到底是甚麼？就想著既然是母親說的照做就是。之後回到學校發現很多的課程不用參與，也沒有所謂的課後作業，在驚訝中張佳蓁問著母親這個就是自學嗎？母親笑著回答說：「這個就是自學，但不是真的沒有任何的課業，而是需要自己安排，不過別擔心，我會陪著妳一起完成」，就這樣張佳蓁開始了屬於自己的自學之路。而在母親的安排下也開始體驗了許多之前在學校時，完全無法接觸與明白的事物。母親會帶著參觀許多的展覽與行動走讀的課程，總覺得每一天都相當的新

奇，雖然每次參與活動或是課程都需要寫下一些紀錄或是報告，但對張佳蓁來說卻是開心的。

而弟弟張正謙此時正是小五階段，看著姊姊佳蓁成為自學生後，內心充滿著好奇與疑問，也在自己課餘之際跟著母親與姊姊四處的看展與參加一些課程，耳濡目染之下也想在日後成為自學生，在徵得母親同意後，小六階段便開始接觸一些不一樣的學習體驗，由於自己喜歡一些親自動手做的項目，如模型或是繪圖等等。同時在母親的安排下，與一位朋友的小孩，同時也是一位自學的大哥哥，學習時下最熱門的鋼彈模型組裝與塗裝，也讓自己在於所謂模型的細部設計與拆解有了基礎的認知。後續姊弟倆在教會中認識了一位設計師李尋叔叔，與他聊了非常多有關於模型與設計的議題時，便思考著可以教導姊弟倆甚麼樣的課程，後來想起他自己之前蠻常使用雷射切割機去做一些實體模型，而家中目前這台機器也是閒置中，就說道可以教導姊弟倆如何使用雷射切割去完成一些作品，而此舉也開啟了姊弟倆的創業之旅。

勇於嘗試 用於學習
排除困難為自己
開創屬於自學生的未來

藉由雷射切割的專業學習課程，佳蓁與正謙姊弟倆便開始思索怎樣將二個人有興趣且專精的部分結合再一起，後來商討後決定製作符合宜蘭頭城當地、且具有歷史意義建築物的模型。因為宜蘭頭城是個有歷史的城鎮，更有觀光老街，而老街上的建築也別具風情。
一到假日總是吸引著許多外縣市的觀光客前來，如果有這樣的模型商品應該可以吸引一些人購買。就這樣姊弟倆開始尋訪頭城老街，拍了許多建築物的照片回來研究，便決定將頭城鎮使館作為首發的模型，經歷一年多從電腦軟體應用的學習到雷射切割機的使用，中間也歷經相當多的困難點，但也一一

克服，最終完成了姊弟倆的作品。

之後教會的喨喨牧師看到模型作品時驚艷不已，恰逢頭城長老教會要舉辦135年週年慶，便委由姊弟製作1:50的教會模型，這也是姊弟倆接的第一個委託案件。這個教會模型也在姊弟倆的努力下如期完工，更深獲教會牧師以及其他民眾的讚賞與肯定，更帶給姊弟倆莫大的信心與勇氣。後來母親得知新竹美學館正在對外徵集「戀戀山海」的計劃案，這個計劃案是要促進在地產業創生，並以地、產、人的特性，結合在地社造團體全方面的計劃。這對姊弟倆來說是一次很好的學習機會。所以姊弟倆便以自學生的身分去遞交申請這項計畫案，由於也是第一次做所謂的企劃簡報，許多的資料都是以往未曾接觸過的，歷經好幾晚的挑燈夜戰在指導老師與母親協助之下，順利完成資料送審拿下了這個計畫案，至此也開啟姊弟倆正式創業的歷程。接到「囝仔玩」(台語)案子後，便要設計LOGO，「囝仔玩」意思是小孩子在亂玩，不知道能玩出什麼東西。之後整個架構就從頭城鎮使館手作模型結合頭城老街導覽開始，展開了這項計畫的序幕，姊弟倆也接受專業

資深的在地導覽員(中水爺爺)的協助與培訓，在他不辭辛勞的教導下姊弟倆也對於頭城這塊土地的歷史沿革有著深刻的了解，計畫執行中姊弟倆商量為自己的計劃取名「nobody knows us」
無名英雄，姊弟倆對自己未來的期許是現在無人認識姊弟倆，相信未來「nobody knows us」將會成為世界知名品牌，計畫執行後姊弟倆也帶著參與的遊客尋訪頭城展開導覽，期間母親與老師一直都在身邊給姊弟倆最大的助力，完成這項非常不容易的挑戰。計劃後期姊弟倆在「戀戀山海」的計劃案結束之後，適逢三星國中校長帶領姊弟倆到勝洋水草學習車床操作，並且實際參與製作原木筆的體驗，原木筆製作完成後開始實際銷售，這也是姊弟倆一次從設計、生產、銷售的全新體驗。後續也在三星國中校長邀請下參與安麗所舉辦的「小夢想大志氣」的扶持計畫，為宜蘭弱勢家庭的青年創業者，爭取到125萬的經費實現這個項目的目標，更在當時造成一股不小的風潮，也接受了許多媒體的專訪與報導，讓「囝仔玩」的品牌浮上檯面。雖然有著媒體光環的籠罩，但對姊弟來說都只是創業起步的前期，還是有許多不同的事物，是值得去探索與發掘的。而「nobody knows us」的品牌，

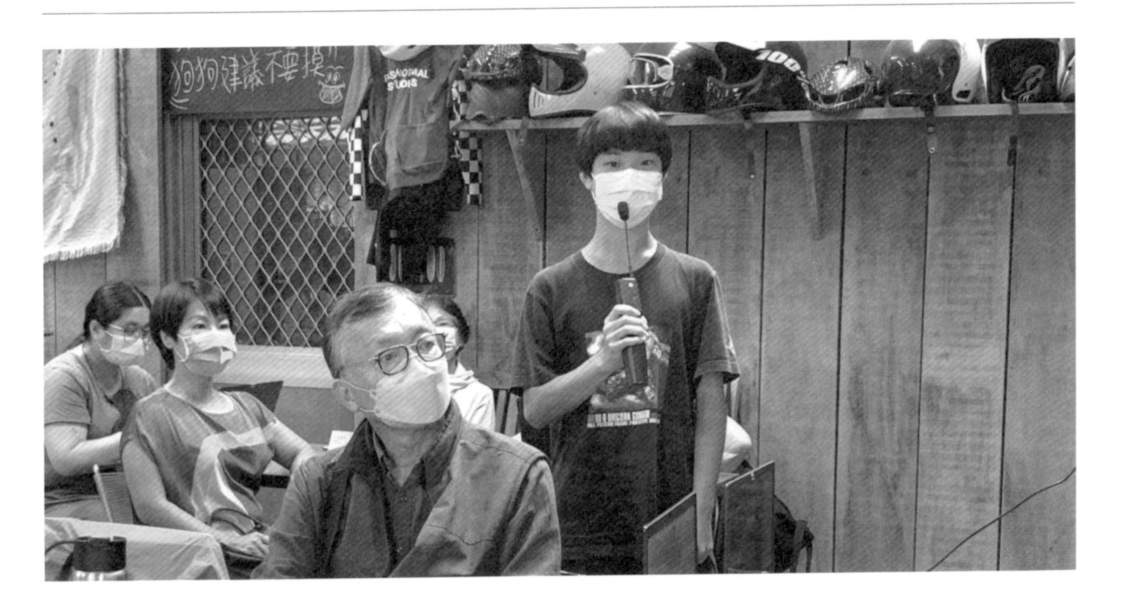

是姊弟倆所創立的，現階段除了不斷修正既有的模型外，也開始設計研發其餘姊弟倆覺得值得推薦的建築物模型，其餘的時間也接受著不同課程的淬鍊，佳蓁醉心於許多理財的課程，不管是線上或是線下都極力的去參與學習，而正謙則專注在摺紙與模型身上，憑藉著自身的創意也創造出不少令人讚嘆的作品，自學對於姊弟倆來說是挑戰、是創新、也是一份對於自我的肯定與期許，也希望之後能讓「nobody knows us」成為宜蘭在地最閃亮的文創品牌，讓世界看到「nobody knows us」品牌。

一步一腳印 自學的天空很寬廣 用心開創孩子的未來

從自學的念頭開啟一直到實踐，身為母親的李詩彥帶著佳蓁、正謙姊弟倆在自學的道路上前行，母親李詩彥也說道：現今佳蓁高二、正謙國三，正處於青春期，但除了一些生活上的提醒，基本上她們更具備了一般學生所缺乏的創造力與思考邏輯，這也是現今教育體制該去思考的層面。雖然孩子們不用去學校上課，但身為母親也兼具老師的身分，在不同的時期安排不同的課程，甚至以領頭羊的角色，帶著他們進行許多課堂上無法去實行的探索。探索自我、

探索未知、已知、也探索著他們的未來，從不斷的關切溝通了解，進而發現孩子們的喜好。在引導他們進入學習的旅程，帶著孩子在自學的路上前行，真的是一項挑戰，但也因此可以與孩子們敞開心扉彼此溝通，分享彼此的感受，親子不再是對立，而是彼此陪伴、彼此信任，一路以來帶著孩子們一起工作、一起自學探索、一起生活，也因為自學的開端豐富了一家的生命，自學不單只是孩子們學習的單純面向，更多是在於她們對於生活與生命的認知。身為母親的李詩彥也常常在思考著如何能在她們學習的路程上，藉由自己而獲得更多，所以提升自身的能力與對外的資訊聯繫便顯得相當的重要。因為本身是基督徒，所以李詩彥更在乎孩子的品德教育，除了平日固定時間讀經外，也讓他們加入教會的青少年團契，藉以補足孩子們離開學校缺發同儕的這個部份，李詩彥自己也從信仰中獲得許多的啟發，不論是夫妻的關係、親子的關係、人與人之間的相處，都是透過從聖經中不斷地領受與調整而來的，這份信仰給了李詩彥勇敢堅定的力量，李詩彥相信因著基督的信仰，讓李詩彥的生命得到大大的改變，而兩個孩子更在這份信仰中被愛、被

灌溉。他們之後除了精進學習之外，更需要扶持協助未來想要步上自學之路的學弟學妹們，將自身的經驗傳承下去，李詩彥與先生最大的夢想就是未來孩子能有自己獨立的生活與經濟，找出生活中他們覺得最舒適的生活方式。現今在台灣自學仍舊存在許多的爭議以及不確定性，但以一個身為自學生的母親來說，李詩彥深深覺得，自學是一種值得肯定的學習方式，它打破許多舊有教育體制的觀念，李詩彥也認為現行教育與自學它是可以雙軌並行的，若是在正常教育下導入自學的模式，讓二邊充分的融合，不就可以創造出讓孩子們彈性學習的環境，期待未來整個教育體制能夠充分滿足每個孩子不同的需求，讓孩子開心的學習與長大，這就是一路上帶著他們自學最想看見的盼望。

台灣生命故事館創辦人

林作賢

從死亡的幽谷中走出 屬於自己的創享人生路

家破人亡」是一般人在一生中所面臨最大的憾事，絕大多數人面對這樣的絕境，通常都是無法面對、甚至選擇放棄自己的人生，能夠堅定而屹立不倒、甚至重啟人生則並不多見。但林作賢先生卻做到了，不單單是改變了自己的人生，甚至用自己親身的生命故事當見證，讓更多人因他的故事重新活出自己的價值，勇敢地堅定走向屬於自己的未來。

青少年時的悲慘歲月 與堅定自己負重前行的心

林作賢出生於台東，共有六個兄弟姊妹。因父親工作之故，自幼便與父母親定居台北。父親是位事業有成的遊覽車公司老闆，而母親原本是一名教學認真的國小老師及主任，但後期因為眼疾造成失明，便申請提早退休在家，父親也擔負起照顧全家大小的重任。除了忙於事業外，也竭心盡力地照顧失明的妻子，每天早出晚歸且日復一日，在林作賢的眼中，此時的父親就是自己倚靠的大山，是一位值得敬佩的偶像與英雄，也因著父親給予的環境，林作賢非常熱於學習，在校成績非常優異，父母與師長從不會為他的學習狀況擔憂，是師長眼中非常優秀、有獨立思維的模範生。就這樣原本一家和樂融融的景象，卻因為父親的出軌，讓幸福美滿的家庭一夕間崩解，原本將父親視為偶像與英雄的林作賢，此時心中也延伸莫大的變化，本是父子間的親切對話，變成了彼此間的疏離與無奈。在一次次的爭執後也逐步催蝕父親在心中原本無法撼動的地位，轉而成為漸深的恨意與埋怨，而後更因父親這個錯誤的抉擇，掀起無比滔天巨浪、成為一件件無法挽回的人倫慘劇，更讓林作賢背負許多莫名的重擔與誤解，讓他後續的人生有著翻天覆地的巨變。

當時尚在臺北市大安國中就讀的他，在獲知父親出軌後內心非常抗拒，本著保護母親的本意多次與父親起爭執，但父親終究不領情。反而怪罪他不該介入大人的事情，就這樣一氣之下、未考慮自己仍處於學習階段，決定離家出走以表達自己對於父親行為的不齒與不滿。原本是師長口中的績優好學生，一夕間成為帶著對於父親強烈恨意流浪台北街頭的中輟生。在離家出走外頭流浪的時候，為了填飽肚子，林作賢開始四處打零工維生，哪裡有缺人、願意用他的，他就去做，

因此有段時日被商家與人力仲介當成廉價童工使用。而此時當初他所就學的林明哲校長得知自己最深愛的學生因為家庭因素成為逃家的中輟生後，便與訓導處師長們四處找尋，當這位校長費盡苦心找尋到林作賢時，本以為能夠順利帶回他重返校園時，不料林作賢極力地抗拒回到學校與家庭，在他幼小的心靈上總認為，父親的行為就是殘忍，他不想回到家中面對曾經最敬重的父親，更不想回到校園中接受同儕異樣的眼光。但這位校長仍不死心，三番二次地找到他，苦口婆心地勸誡，總算在校長的溫情攻勢下，林作賢同意跟著校長回到家中，並且重新回到學校夜間部補校繼續學習。

止不住地淚水撕心裂肺的苦痛
成為奠定未來人生的基石

但此時另一個重大的衝擊，也在這時等待著林作賢。在他離家的這段時日，父親便因為生意失敗積欠不少債務，在賣屋償還部分債務後，便帶著外遇對象連夜逃離台北，完全不顧失明的妻子還有年幼的

兒女們，回到家中看著自己的母親與不知所措的弟弟妹妹們時，林作賢不禁雙膝跪地，哭倒在母親的懷中，內心充滿著悲痛與自責、暗自下定決心負起長子的責任，照顧好母親與自己弟弟妹妹們。天總是不從人願，欲將林作賢逼入絕境的噩耗就此襲來，母親某日接獲父親的電話後，便獨自從安康社區前往台東與父親見面，原本只是一場平凡的暫離，卻變成林作賢與母親的天人永隔。再次見到母親時已是一具面目全非的遺體，冰冷冷地躺在太平間中。林作賢哭得撕心裂肺，

但再多地呼喊與淚水，終究喚不回自己至愛的母親。母親的死因在當時是非常重大的社會頭條新聞，而兇手就是父親的外遇對象。

母親遇害時林作賢年僅十五歲，身為長子的他一肩擔起母親的喪禮還有後續弟妹們的生活。可想而知那時的他身心遭逢一般成年人也無法承受之痛，也是之後林作賢常常會落淚的重要起因。懷著悲痛讓母親入土為安後，由於自身以及弟弟妹妹們皆不願意與父親同住，藉由教會人士與熱心社工將林作賢與兄弟姊妹安置在天母聖道兒童之家，讓他們能夠有個棲身之所。在兒童之家的歲月，每每想到母親便忍不住的淚流，常常哭到不能自己。

但林作賢自己知道哭並不能解決任何問題，忍著內心巨大的傷痛，林作賢也以優異的成績考上了中正高中、臺北工專及公費的花蓮師專。在師專就學期間除了顧及自己的課業外，也在課餘從事各種不同的工作，像是過年期間去迪化街叫賣南北雜貨、清晨一早的送報生，還有出賣勞力的臨時小工等等。這樣拼命的為生活努力賺取微薄的收入，不單單只是為了自己，更為了自己弟妹盡一個做為大哥的責任。

在師專就讀時期，常常哭泣的狀況仍舊持續著。林作賢知道這是因為自己的心已殘破不堪，而現在的他也只是努力的活著罷了！但還有許多責任未了，仍舊需要帶著這樣的悲傷持續地走下去。後來他發現一件事情，因為師專本身有游泳隊，也有訓練用的泳池，平時也有游泳的課程。林作賢想著：只要我能待在泳池裡不就好了，不但落淚時不會被發現，我也可以在泳池裡盡情地宣洩內心悲傷的情緒。就這樣林作賢也加入了游泳隊，一有空檔便下水，除了自身的訓練外，也讓自己的心情得到稍稍的紓解，宛若一隻帶著淚水的海豚，在水下世界

中傾吐著無人能夠知曉的內心，日後也成為水上救生總教練及奧運啟蒙教練等。

執起教鞭作育英才春風化雨
撫慰學生，但只是活著……

師專畢業後的林作賢，如願地進入校園中開啟教職生涯，在資優班課堂的他是學有專精的師長，而課堂下他又是個慈父的角色，總能夠在學生出現問題時給予方向與解答，用著他的智慧引領了許多聰敏但迷惘的青少年，步入屬於他們的方向。隨著年資與教學經驗，一路從老師、主任一直到進入校長領導班結業，也步入婚姻、有著令人稱羨的家庭生活，更擁有自己最疼愛的寶貝女兒。正當覺得所有的一切都在平順的發展時，卻傳來父親去世的消息，而殺害父親的兇手又是當初殺害母親、被父親視為珍寶的外遇對象。獲知消息後，林作賢並無太大的反應，只因當初那個自己視為英雄的父親，早在母親離去的那一刻，不復存在。

由於是社會事件，不久林作賢便被媒體批判是一位不懂孝道且不適任的教職人員，排山倒海的輿論指責，讓林作賢有了輕生的年頭，在無語中走向了福和橋上，正當自己想一躍而下時，想起了自己的妻子與還沒有長大的女兒，以及還需要自己照顧的弟妹們，猛然驚醒，一瞬間淚如雨下，哭泣過後，自己也在大橋上思考許多。面對自己父親的離世，在此刻似乎也沒有像之前那樣的恨著他，取而代之的反而是，要是自己有更積極地作為，父親是不是能夠繼續地活著？其實父親在遇害前，林作賢早已安排非常好的療養院讓父親入住，但不知何故父親逃院回到他和外遇對象的住所，之後就發生了這件慘絕人寰的慘案，自己最親的二個人，皆毀於一人之手。如今這樣的事件又想要毀我於一旦，當下林作賢便毅然決定面對媒體，公開自己自小到大的故事去澄清外界對自己的誤解。也在多方查證下，確認了事件的真實性，原本網路上、社會上的輿論也紛紛向林作賢致歉，也還他應有的公道還有屬於自己後段的人生。

把每一天當成最後一天，
盡其所能活出最璀璨耀眼的自己

已走出過往的陰霾後，林作賢仍在杏壇中作育英才，閒暇之餘更是勤工儉學，目前是香港的哲學與臺灣的法學博士候選人。但老天似乎還想要繼續考驗著他，由於一直以來有睡眠方面的困惱，經過詳細的檢查後，醫生直接宣告罹患了重度的呼吸中止症，有可能在睡夢或是休憩時直接猝死，更斷言有可能無法活過50歲，接到消息後的林作賢，瞬間腦袋一片空白，歷經這麼多波折後，總覺得可以陪伴自己的家人以及女兒，怎會再發生這樣讓我無法接受的情事呢？當下真的只能無語問蒼天。而這個時間點恰逢女兒正準備出國深造，林作賢當下決定放棄自己引以為傲的教職身分申請提前退休，而且是一次性地申請自己的退休金，這也意味著未來老年時，將只能繼續工作求生存。會做這樣的決定也是因為自己的女兒，身為父親或許無法給予她非常富足的環境。但這筆錢卻足以應付她留學初期的花費，這也是身為父親能給予女兒最後一份禮物。就這樣身為公教職的林作賢在2018年申請退休，正準備在家思考下一步時，一些過往曾經認識的年輕人找到他，希望能夠藉由林作賢的育成教育長才協助創業。

就這樣，點點滴滴團隊在9月16日於銘傳大學桃園校區正式成立，林作賢憑藉著極其敏銳的商業模式嗅覺，成功地為整個團隊奠定下後續發展的基礎。找人、找錢、找資源，

成為他每天的例行公事。而身份也從臺灣發明學校的校長變成了新創公司的執行長，甚至在帶領團隊的同時，也以過往教職的身分輔導許多想要創業的年輕人，開拓屬於自己未來的遠景。

而點點滴滴公司也在林作賢及團隊的全力衝刺下，在2019年拿下全國通訊大賽冠軍，而其產品也引起多方的關注，更讓點點滴滴這個小企業一躍成為多方追捧的明日產業之星。就如當天頒獎典禮上林作賢面對貴賓談到的一句話「我們是贏在態度，而不是贏在技術」。認真的面對每一件事、認真去思考每件事、認真去執行每件事。我想就是這樣認真的態度，讓林作賢逐漸成為一位全方位輔導青年人創業的金牌輔導員及連續創業家。在2019年帶領其他團隊持續參與千里馬計畫，更在展場上成為每次必看的亮點之一，直到2022年由林作賢帶領的團隊均能成為多方爭取的合作對象。

而後接著便是疫情時期的到來，直接衝擊到台灣的產業鏈，不分行業都受到了極大的損失，此時資策會也與團隊接觸，希望能夠進駐經濟部所開發的林口基地並參與亞洲矽谷計劃，於是在這樣的生成計畫產生後，開發出教育科技新產品，並在2020年華岡創

業競賽上大放異彩，也在日後獲邀進駐文化大學新創基地中由團隊持續相關計畫的執行與持續育成及營運。就這樣進入產業界多年的時間，林作賢充分的表現出異於常人的鬥志與堅定的決心，帶領著不同的新創團隊，持續地往前邁進、嘉惠許多年輕人，引導他們開闢一條通向成功的道路。更讓林作賢成為台灣新創界中令人無法忽視的一位企業強者。

生命的長度是不能掌控的，
但精采度卻是能去創造的

隨著醫生宣告生命盡頭的時間慢慢地靠近，除了每天忙碌地輔導創業的生活外，林作賢也開始思索自己生命的意義。在歷經這樣多的磨難後，我還有甚麼事情是能夠做的？2022年初正在思索的同時，碰巧知悉在博士班就學期間的指導老師身故，而當初便與這位指導教授討論過「臺灣Siloam生命故事博物館」這個初具概念的科技整合議題，林作賢當下便思索著是否有其可能地將這個計畫付諸實現？由於這段時日除了擔負起新創導師的責任外，林作賢也常以自身悲慘的故事四處演講，只要有人邀請不管多遠就一定會前去分享自己生命的旅程故事，他最常用的開場白便是：「活著，是多麼重要的

一件事！」還記得2016年受邀去中山醫學大學演講後，有一位同學在聽完演講後直接對著林作賢說：「老師，原本我是打算明天要去自殺的，但現在我知道您比我還要可憐，所以我決定不要自殺了！」，也因此林作賢開始積極到各大專院校演講，希望藉由自己的生命故事引領更多年輕人重視自己的生命、開創屬於自己美好的人生。也因一次又一次地演講，林作賢也從中知道自己生命的意義，所以當得知這位龐姓指導教授離世（1月11日）後，便積極想要付諸實現，同年三月恰逢接受漢聲電台的專訪，在節目中也提到自己對於生命故事館的期許，節目後獲得蠻多的迴響與支持，且於當年臺慶當天受邀專訪詳細說明。而此時剛好與一位長輩會面，深談中便將自己想要成立生命故事館這件事娓娓道來。這位長輩聽完後當下對林作賢說：我在台北有個空間可以讓你使用，也希望這座生命故事館能夠正式的成形，我支持也讚許你這樣的計畫。就這樣「臺灣生命故事館」就能夠順利在2022年6月至9月正式開展，期間原本只有12位願意將自己的生命故事分享出來，期盼藉由自身故事分享，帶來更多正向能量，給予這個社會許多迷惘的人一些方向，讓他們能夠早日走出低谷，同時也能藉由線下與線上的系統整合（SI），保存自己的故事。而開展後瞬間引起各方關注，也有越來越多的人希望能夠把自己的故事置入故事館中做為永久地保存。在九月展覽落幕後進入故事館的主角已高達150多位。雖然目前展覽已經結束，但是生命故事館會以實體的書籍呈現在大眾的面前，現階段出版計畫也由林作賢的學生廖淨程（一位身障妹妹的哥哥）去執行，應該不用多久，這本收錄許多人故事的書籍，也會在大眾面前展露分享。聽著林作賢先生娓娓訴說自己的過往與現在，言詞中展露屬於他的智慧與豁達，深信在他一系列的計畫下，勢必能帶領目前計畫中的產業與社會關懷企業，創享屬於他自己的巔峰。

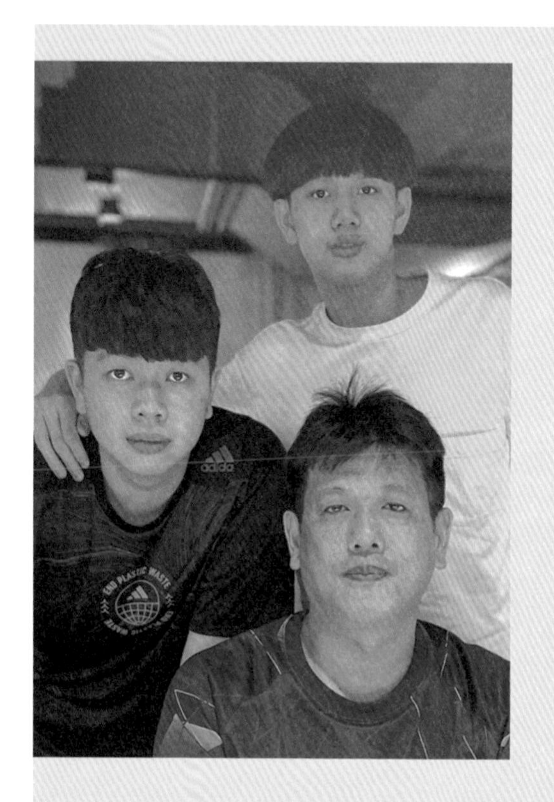

澎湖洪家一門三傑 為台灣桌球譜下不朽樂章

洪復仁 洪晨瑋 洪敬愷

台灣的桌球在所有球類競技活動中，發展的時間相當早。早年因為整體經濟環境普遍不佳，而人民的休閒運動，不是跑步再不然就是桌球與籃球。而桌球的設備更加簡便，一張球桌、二個人擊球廝殺便可消磨許多時間，所以桌球運動一直也是最受歡迎的庶民運動之一。由於桌球運動環境成熟，也培育出不少好手如老將莊智淵、在2021年東奧大放異彩的林昀儒、鄭怡靜。而澎湖洪登老先生更是早年在澎湖擔任教練，培育出不少國內的桌球好手，而其孫洪晨瑋、洪敬愷更承襲洪登先生的桌球精神，在青少年桌球界更是知名好手之一，也為台灣桌球界平添佳話與美譽。

以桌球教育為天職 為台灣桌球界培育幼苗

洪家在澎湖的教育與桌球界是相當有名望的家族，而洪登老先生在世時，更是許多知名的國手啟蒙教練，如：蔣澎龍、洪光燦、呂寶澎等等。洪老先生早年念完台南師專後，本著對於澎湖故土的情感，放棄在台灣任教的機會，回到澎湖並在隘門國小擔任教職，也因他在學校成立桌球校隊後，讓隘門國小成為澎湖桌球國手的搖籃。洪老先生對於桌球是情有獨鍾，本身也是自

學成才，而自己領悟出桌球之道與訓練方式，更為澎湖的桌球界奠下相當扎實的基礎，但是現今除了澎湖當地的耆老口述外，甚少有他的相關紀載。但在澎湖他確是大家公認的桌球之父，也是令人敬重的一名老師。平日裡除了醉心教導學生外，洪老先生更特別喜歡種植蔬菜，對於農作知識也相當專精，閒暇之餘便自闢一處農田從事農作，也常常指導當地農民該如何種植提升產量，更被當地人尊稱為農學博士。早年澎湖的資源相當匱乏，而洪老先生為了籌措桌球校隊的經費，將自己農作所得用於增添桌球設備以及日常訓練上，因為他的執著與認真，讓早年他培育出來的國手一到台灣便展露頭角、遍地開花，不得不欽佩洪老先生對於澎湖的付出與努力，直至今日隘門國小仍舊承襲著洪老先生的精神，持續地在桌球界培育幼苗，讓台灣的桌球精神得以延續，也持續地在國際賽事中發光發熱。

秉持父親精神
開啟承先啟後的培育幼苗的責任

洪復仁為洪登之子，更是現為青年奧運桌球培訓選手洪敬愷的父親，目前服務於澎湖交警隊，秉承父親的精神服務澎湖鄉親。在洪復仁的眼中，父親猶如巨人般的存在。自幼也把父親當成偶像般的崇敬，從小耳濡目染之下，也對於桌球有著濃厚的興趣，由於父親的學生皆是國手等級，所以也想跟他們一樣，藉著桌球擁有自己的一片天。小小年紀的他在向父親提出想要學習桌球時，便遭到父親強力的拒絕，並且以學業為重的理由，強迫他放棄桌球，當時年幼只覺得父親不盡人情，即便遭到父親反對，自己仍舊帶著球拍四處找尋對手磨練球技，但常常遇見的情景便是父親拿著棍子，直接修理後、打回家中念書。就這樣洪復仁在極度無法理解父親的狀況下，完成基礎學業後進入警界服務，但是隨著年齡增長後，也明白當初父親的一番苦心，因為一般家庭要培育一名運動選手，是相當困難的事情，為了自己的前途著想，父親不得不用這樣的方式，讓自己遠離桌球。但隨著進入警界服務後，發現竟有桌球競技活動，就重拾球拍，一舉成為警界甲組的桌球選手，更在後來的各類比賽中獲獎無數，也算彌補年少時無法盡情打球的遺憾，平日除了警務工作外，更在桌球的世界中，找尋到屬於自己的一片天空。

發掘桌球天份
給予孩子一段屬於他的精采人生

婚後洪復仁仍在台南服務，也有了晨瑋與敬愷。而飛機變成他日常穿梭台澎二地的交通工具，週一時搭最早的航班飛往台灣本島上班，週五下班後又搭著飛機回到澎湖。只因家中有著最在乎的父親、妻子與孩子，即便這樣辛勞他仍不改其樂，但隨著父親年事漸高，他便跟單位申請希望能夠返回澎湖就近照顧自己的父親與妻小。在單位服務工作閒暇之餘，洪復仁也不改對於桌球的熱情，約在民國98年於自宅購入一張球桌，起初是因為自己是警隊中桌球甲組的比賽選手，平日可以揮拍練習，更可以在空餘時間教一下在地的小朋友。畢竟在澎湖平日裡的娛樂並不多，更可以讓自己的二個小孩有個正當的休閒運動。

2019菊島觀光盃全國桌球錦標賽

所以對於二個孩子並沒有刻意去訓練或是教導，就讓晨瑋、敬愷二兄弟自己打著玩。身為父親的洪復仁看著他們小小的身軀，拿著球拍的模樣只覺得可愛，此時二兄弟也不過是國小一年級與幼稚園階段，而洪復仁也從未想過竟然因為這張球桌，能讓父親洪登的桌球精神傳承下去。

一開始由於長子晨瑋自小跟著父親玩桌球，漸漸也萌生出想要學習桌球的想法，小學一年級時，在父親首肯之下加入球隊，開始正式訓練。而父親也順勢成為自己兒子的教練，在洪復仁的教導下也有了相當的成果。而此時尚在幼兒園大班的敬愷，也有樣學樣的跟著父親與哥哥練習，洪復仁也開始教敬愷如何持拍還有一些基本動作，年幼的他或許對於大人說的並不完全了解，但是他體內的桌球天賦，在不久後便被身為阿公的洪登所發掘。某日洪復仁與自己的父親洪登在閒聊時，對著洪復仁說道：「敬愷這個孩子就我的經驗來看，應該是有桌球方面的天份，不過你再觀察看看。」聽到父親這樣說著，洪復仁大感驚訝，因為父親其實一直都不太願意讓洪家的後代進入球壇，但此時的父親竟然是用認可的口吻，訴說對於敬愷的感覺。於是便開始關注敬愷在球桌

上的反應，也明白父親所說的天賦從何而來。因為敬愷對於每一顆球，都有非常強烈的心態，會盡其所能的去追每一顆對手所發來的球，此外在回球防守時也會順勢攻擊，這點倒是與父親洪登的訓練方式「用攻擊取代防守」的理念不謀而合。也因此當初洪登看見孫子展現球技時，應該就發現他有這樣的天賦，畢竟他這樣的訓練方式也從未跟自己的孫子說過。

跨級挑戰 展現自我
龍虎兄弟終成澎湖之光

之後洪復仁除了積極培訓晨瑋外，也開始正式教導敬愷一些正確的桌球觀念，此時懵懂的他，也是跟隨著自己的本能在球桌上奔馳。因為當時在澎湖並未有所謂幼兒園的桌球比賽，只有在實戰中才能看出一名選手的特質，便在自己的安排下，讓敬愷越級參與比賽。在一次次的比賽中，敬愷也嶄露了超強的天賦，在澎湖當地都知道洪家有個小孫子打桌球

非常的厲害，之後更參加全國桌球菁英盃男童組的比賽，連續數年成績斐然，更在110年19歲級青年國手選拔賽中，又是以14歲之齡越級參加選拔，擊潰許多比他年紀大的選手，奪得19歲級青少年國手的第六名，可以看出他未來的發展是指日可待的。

在陪伴這二個孩子的過程中，身為母親的郭金玲更是幕後大功臣，為了給予晨瑋與敬愷更佳的求學環境與訓練資源，便帶著他們來到台北就學，照顧他們兄弟倆的生活起居，空閒時便帶著他們回到澎湖與先生團聚共享天倫，雖然在球壇中兄弟倆小小年紀便大放異彩，但是對於未來二兄弟卻有著不同的想法，哥哥晨瑋目前就讀松山家商，也是桌球校隊成員之一，個性沉穩內斂的他，每次返回澎湖便化身成當地小朋友最受歡迎的大哥哥，帶著這些熱愛打桌球的小朋友一同練習，無私地將自己所學教給這些小朋友，高三年紀的他與阿公洪登先生感情最為深切，身為長孫的他也覺得應該把阿公的桌球精神傳承下去，所以希望日後自己能成為專業的桌球教練，帶著自己對阿公洪登的情感持續培育更多桌球的人才。

而敬愷自小到大連年的征戰，已變成國家重點栽培的國手之一，相對的他想在國際賽事中持續發光發熱，替自己的國家以及洪家爭取更多榮譽，才不枉費最初阿公的期待，還有父母親對自己關愛，以及自己哥哥晨瑋一路以來的陪伴，因為除了父親，哥哥也是自己最佳的陪練對手與指導。談起阿公時，晨瑋與敬愷兄弟都是紅著眼眶，訴說阿公對於他們的關愛，濃厚的祖孫之情溢於言表。而洪家父子三人最終都還有一份最深切的期盼，他們希望在澎湖當地能夠設立一所「洪登桌球學院」，以繼承洪登老先生培育優秀桌球人才的精神，更希望以澎湖為根據地，讓洪登老先生的精神藉由學院設立永存於世，並提供熱愛桌球的孩子一處能夠盡情學習專業的場域，讓桌球運動更加發揚光大成為傲視世界的一道光芒。

父親獻身教育
孩子與金門新生代連結
攜手共創金門遠景

離島金門在戰地任務解禁前，一直都是我們台灣最前沿的防衛線，戰地任務解除後，隨著各類開放與對岸的交流，儼然成為海峽二岸交流最頻繁的區域。隨著時間的推移，金門早已不是過往硝煙瀰漫的地方，反而成為離島中最繁盛的小型都會區。隨著金門大學的設立，離島教育的興起也逐步地成為焦點，而身為金門人的楊肅藝校長更獻身金門教育十多年之久，而其子楊霈璿也跟隨父親的腳步一同為自己的故里貢獻心力，父子二代的接續傳承更在當地成為美談。

楊肅藝（父）
楊霈璿（子）

心繫故里數十載
正逢巨變順勢而為回歸故鄉

楊肅藝校長出生於金門，童年與少年時期皆在金門度過，歷經過二岸戰事緊繃的危機時刻。早年的金門還是處於戰地狀況，絕大多數的建設與發展皆以軍務為主，島上人口數並不多，絕大多數皆為軍人。而楊肅藝校長就在這樣的背景中成長。早年都還處在「萬般皆下品，唯有讀書高」的年代，唯有讀書才有好的未來與前程，所以楊肅藝自幼非常好學，在國中時期對於英語有著相當濃厚的興趣，而導師是一位專業的英語教師。在他的教導下楊肅藝也因此扎下相當穩固的英語基礎。在當時的金門教育資源十分匱乏，所以楊肅藝的父親帶著一家子移居至台灣本島，讓他在台灣接受高中教育。而高中的導師又是一位英

語教師，自然而然接續原本國中的基礎，再往上繼續專精學習英語。因著國高中時期二位恩師的教導，讓楊肅藝的英語學科顯得特別突出，後續也受益於如此扎實的英語教育後，考入大學以及預官。

退役後的楊肅藝憑藉著對於英語的喜愛，以及當初社會風氣對於英語的重視，便在台中自行開立補習班教導英語，也導入許多外師資源以及系統化的教學，將自己的補習班經營的有聲有色。後來楊肅藝考取教師證後進入學校服務，便結束補習班的事業、專心地為人師表，在教育界培育出許多優秀的學生。此時的楊肅藝已娶妻生子，一家人和樂融融的過生活，但是一場突如其來的巨變席捲而來，民國88年的921大地震摧毀原本平靜的生活。看著自己的房屋一夕間夷為平地，讓他不禁仰天長嘆，感嘆大自然的無情，但萬幸的是全家人都平安，接受政府暫時安置在安全的區域。望著失去的家園，內心久久不能平復，望著自己殘破不堪的家園時，楊肅藝猛然想起自己故里金門，想回金門看看的念頭在此刻盤據腦海中，過往的歲月點滴也在此時浮現腦海。這場世界震驚的大地震，所帶來的創

傷是需要時間平復的，楊肅藝待自己與家人生活一切恢復平靜後，在民國90年帶著一家人返回金門探看這兒時的故里。原本只是帶著家人來散心，但或許是印刻在骨子裡金門人的沸騰血液，一時間竟想回到金門定居、重回故里的懷抱。返台後便與家人共商後決定返回金門定居，開啟了他在金門的教育旅程。

重返故里作育英才
推動雙語教育增進學子競爭力

本身擁有教師資格的楊肅藝，本可以用申請調職的方式回到金門任教，但是需要經過許多手續才能完成。此時內心急切回到故里的他，只想著用最快速的時間完成，於是選擇再次以教師甄選考試進入金門縣述美國小任職。在自己教職工作確定後，楊肅藝便舉家搬遷回到金門，開啟他在金門獻身教育的重要歷程。進入述美國小任教之後調任至金寧鄉金寧中小學服務，歷經教師、行政處主任，並於民國95年考上儲備候用校長資格後，經過遴選通過回任自己的母校－湖埔國小擔任校長。並開始在校區內積極地推動雙語教程。楊肅藝校長在任期間勞心勞力，舉辦過多次英語學習營，更不辭辛勞找來許多外師或是華裔在台灣就學的大學生來協助執行，讓這個營隊成為金門教育界的典範。在他的眼中能提升離島英語教育是教育上的重中之重，唯有如此方能讓這些孩子在未來有足夠的競爭能力。後來正逢政府對於離島教育的支持與推動，更在地方上有力人士的支持下，楊肅藝校長排除萬難在金門成立第一所雙語實驗學校－湖埔雙語實驗小學擔任創校校長。也因著這所學校的設立，嘉惠在地的學子們，擁有一處與國際接軌的學習環境，一時間成為當地美談。之後的楊肅藝校長一直致力於英語教育的推動，直至退休。而退休後的楊肅藝校長，仍不忘情於教育，除了在金門大學兼課外，同時也是在地老人協會的會長，平日熱心公益參與許多服務的事項，並退而不休極積推動教育，成為他退休後的重要生活，而他這樣的精神也同時深深地烙印在自己長子楊霈璿的身上。

父親的故土濃濃的血脈之情
熱於教育投身公益

身為家中長子的楊霈璿在台灣完成大學學業後，一服完兵役就回到金門，並偕同還是校長的父親從事許多在地公益服務的事項，因為金門的師資相當匱乏，父親便徵詢他是否願意進入教育界，從代理老師做起，也許是身上的血脈早就流淌著父親對於教育的堅持與熱情，義不容辭地允諾下來，開始他的代理教師生涯。一開始所接觸的便是特教班學生，而特教在教育體系中是極其特殊的一環，身為特教者必須全

新的去理解特教生，內心真實感受其訴求，所以特教老師的身分不單單只是老師，甚至是朋友、亦是一位心靈的引導者。也因為接觸特教，才對於父親常常提及的「教育」二字有著深深的體認。憑藉一股對於教育的熱誠，在金門縣多所學校專職代課，由於教學認真深獲學校及家長們的好評，也因著對於教育的熱誠，前後在全金門的校區中擔任六年左右的代理教師。而在閒暇之餘，楊霈璿更積極向學，利用自己零散的時間持續進修碩士學程，期許之後能夠為自己的故里貢獻所長。

1994年出身的他，在金門當地算是非常年輕的族群。原本在金門解除戰地任務之時，人口外移嚴重，以致人口結構以中老年居多。後來經歷戰地任務解除，開放觀光及小三通之故才有許多年輕人慢慢地湧入，近幾年來更有不少返金的青年在當地創業尋求發展。而楊霈璿在四處偕同父親從事公益之時，自然也與當地的年輕族群有著頻繁的交流，因父親在當地常常協助這些年輕人去解決一些生活或是就業、創業方面的瑣事，堪稱在地青年的一盞明燈。平日裡楊霈璿與許多在地青年常常都會一起討論關於日後金門的發展與前景，在多次交流後發覺金門的政壇需要一些新血的加入，這樣方能加速地方上的繁榮與發展，所以在2018年決定投身公職選舉。

以一己之力 撼動金門舊有政壇體制
與在地青年共創未來榮景

楊霈璿在四年前以24歲之齡投身縣議員選舉，雖然落選但也因此奠定了一些基本群眾的基礎。當年的選舉也讓楊霈璿第一次感受政治爭鬥的黑暗面，以及地方派系為了自身利益不擇手段的抹黑與造謠，令自己蒙上不白之冤，這樣的官司訴訟卻歷經二年之久後才還給他清白，原本對於政治不抱持任何想法與看法時，過往這些力挺他的在地青年，甚至遠從台灣遷居來此拚搏創業的年輕人，都成為他最堅強的後盾，也因著大家給予的信心與勇氣，楊霈璿在眾人的支持下再次參與2022年的地方選舉。雖然此

次以些微的差距無法當選，但這次的得票數也急速上升，甚至超越某些地方上的老派人士。這也給了楊霈璿相當大的信心，在年輕人的眼中，金門是可以成為一處發展良好的場域，不管是升學或是就業、創業，都是可以持續精進開發的地方。有著得天獨厚的地理環境與資源，更是距離對岸最近一處的島嶼。一直以來從中央挹注的經費往往無法做最好的運用，讓金門的發展遲遲無法再往前更進一步，這也是當地新世代的年輕人對於老派人士長年執政下的不滿與怨言。而楊霈璿更是以身為金門新世代年輕人為榮，希望能將這股力量凝聚成更大的動能，讓新生代的想法、意念能落實在金門本島上，一起共創更美好的未來。

從科技之路走向傳統戲曲
文化傳承

葉文生 老師

從科技之路走向
傳統戲曲 文化傳承

葉文生老師現今是我們台灣國寶藝師楊秀卿的傳習藝生，說起月琴可能許多的年輕人並無法知曉，但這門技藝卻是非常寶貴的文化資產。而葉文生老師遲至45歲才開始學習，更加懂得學習月琴的困難，為了讓月琴能夠持續傳承下去，設計出便於傳承的十種基本彈奏法，不斷積極的在各地開班授課，也收集許多即將遺失的歌仔戲曲冊，並且出版「歌仔戲調基本教材—月琴談唱與唸歌」一書，希望唸歌藝術之美能夠繼續傳承下去。

從科技新貴
轉念學習傳統曲藝

葉文生老師是苗栗苑裡人，初中畢業後便北上求學，高中畢業後就讀國立海洋大學電子工程系，畢業後正逢國內科技業竄起，而進入當時電腦界的龍頭，宏碁電腦公司擔任電路板設計經理一職。成為人人欽羨的科技新貴，在當時因為收入頗豐，看著年邁的父親仍舊從事農作，便請他不需辛苦種田，由他奉養即可。後續父親也就賦閒在家享清福，但某次返回家中探望父親時，卻發覺由於父親生活沒有重心、終日無所事事，雖然自己也力勸父親培養一些興趣，但他總是以自己老了、沒有動力等等的說法，過著百般無聊的日子。看著父親無精打采的模樣，心中不忍之餘也想到自己應該盡早培養一些興趣，讓自己日後的退休生活，不要與父親一樣。由於身處工作強度大且工作時數長的科技產業，每天除了工作外，屬於

自己的時間非常少，衡量再三後，葉文生便決定離職、開設屬於自己的工作室。某天正在處裡客戶的事務時，正巧聽見由綠色和平廣播電臺播放「古月琴聲」的節目，聽著由收音機中傳來月琴的琴音以及楊秀卿、楊再興、洪瑞珍傳唱的古調時，當下感動無比。而這檔節目也陪伴著葉文生度過許多時光，也讓他深深的愛上月琴以及古調。後續聽聞洪瑞珍老師的月琴彈唱班將在臺北招生，心想我剛好可以趁這次的機會，學習自己喜歡的事，當下便興致勃勃的前去報名。而這一年是民國84年，此時葉文生45歲。「在這以前我不曾接觸過音樂」葉文生笑著說道，還記得第一次與洪瑞珍老師見面就非常不好意思的對老師說：「我本身並不會唱歌，就連簡譜都看不懂，對於月琴這種樂器我也從來沒看過。老師若是覺得我是無法學習的，那麼可以放棄我這個學生。」而洪瑞珍老師聽罷笑著對他說：「沒關係，那我們從頭來，我一步步的教你。」當下葉文生不禁紅著眼眶內心感動無比，就因為老師這一席話，讓葉文生至此步上學習月琴與唸歌仔

的旅程，而後葉文生也以行動感念師恩，在旁學習的十三年期間，風雨無阻不曾缺過一堂課，更從一個不懂看譜、不懂音樂的門外漢，成為洪瑞珍老師的得意門生，十年磨一劍就是葉文生最好的寫照。

身負傳承使命
在逐漸式微的世代下
將唸歌仔傳唱下去

洪瑞珍恩師在2008年因癌過世後，葉文生悲慟不已，面對著恩師的離去，更加深想要將台灣唸歌傳遞下去的念頭，而此時國寶級藝師楊秀卿老師，因獲得文化部的薪傳獎勵，正要收三個徒弟。葉文生也面請楊秀卿老師，希望拜入門下繼續學習，得知是原本自己弟子洪瑞珍之徒，也非常高興的讓葉文生能跟在自己身邊學習。雖然依照師承來說，成為楊秀卿的弟子後便與自己恩師同輩，但葉文生不忘師恩，所以仍是「師嬤祖」尊稱楊秀卿老師。說起「唸歌仔」在台灣本島流行早已超過數百年，是極具台灣傳統文化的一種表演模式，古早時代更是一般人民重要的生活娛樂之一。而「唸歌仔」的呈現方式，有時一人或是二人揹著一把月琴或大廣弦，便可直接唱演，不受任何場地的約束。講究的是走唱人要有一人分飾多角的本事，並可隨劇情轉換不同唸唱腔調，是一門非常講究唱功與彈奏樂器功力的一門技藝。後因國民政府來台後，不斷的打壓台語，加上電台、電視以及許多不同的娛樂出現後，「唸歌仔」也在時代的洪流中慢慢蛻去它過往的絢爛的歲月。在民國94年期間，臺北市臺灣婦女會會長特別為了推廣這門技藝，專程邀請葉文生去教學，雖然自身投注唸歌仔的學習已十年有餘，但是一開始總以「學藝不精」託辭婉謝，但會長仍舊一再請託，不希望這門技藝逐漸凋零。後續葉文生也思索許久，想起恩師對於自己的提攜之情，還有現今若不將這門技藝傳承下去的話，真的有可能會失傳，最終也允諾，於是開啟自己全台跑透透的教學生涯。正當自己四處教學時，碰巧遇見一位在桃園當地教授台語的朋友，閒聊之餘說道：「你都如此熱心地巡迴全台灣去教授唸歌仔，但身為龍潭人的你為何不在桃園教課呢？」也因如此葉文生便著手進行開班事宜，也獲得當地慈護宮的支持，成立「台灣唸歌團－慈護宮月琴班」，更在當時掀起一股學習唸歌藝術的風潮。

善用理工背景
用科學化的方式推廣唸歌仔

葉文生教唸歌的方式，是先教彈奏，再教唸唱。因為自己是從門外漢開始逐步練習，自然知道學習唸歌仔最困難的地方就是彈奏，而為了推廣他也煞費苦心，除了四處去收集

近乎絕跡的樂譜外，更用自己曾身為科技人的特點，將月琴的彈奏方式歸納出幾種較為固定的旋律，有點類似吉他的基本和弦，方便初學者能夠在最短的時間內掌握彈奏方式。最早之前的教學幾乎都是口耳相傳，由老師一句句的教學。但是經過系統化整理後，只需要告訴學生這一段是哪種旋律，配合自己創造出來的口訣，都能夠讓學習中的學生，很快就能上手彈奏。而唱的部分則是重新教導台語的正確發音。唱也是十分重要，雖然已經有演奏的基礎，而在演唱時，曲調也更為繁瑣，台語的聲調有八個比國語多了四個聲調，所以在演唱時常能夠刻劃出更多的情感，而唸歌仔有時訴說、有時演唱，能在演譯故事時讓觀眾瞬間進入整個情境中，這也是最初唸歌仔會盛行的原因，而這一方面葉文生在教學時，相當注重的一個部分。身為傳藝老師的葉文生認為演出與教學並進，才能夠讓更多人加入，以群眾之力共同去推廣，方能延續，所以除了自己本身考取了許多城市的街頭藝人證照外，也鼓勵學員考照，並帶著自己心愛的月琴走上街頭，讓更多人能夠領略唸歌仔的藝術之美。現今葉文生以及他的學生們，仍在台灣的各地致力去推廣這門傳統技藝，也在多所社區大學與學校中教導新一代的年輕人，更在傳統作品中添加許多當代的元素，讓這一代的年輕人更加了解台灣唸歌藝術之美，絕對不亞於目前市面所有的流行樂曲。

師恩難忘 不改初心
致力傳承 勇敢前行

一路以來，葉文生從一位科技大廠的經理，轉換成一位傳統技藝的傳承者，二十多年來懷抱著月琴彈唱，彈唱出他的流金歲月，也彈唱出屬於他自己的人生路。從原本不會音樂、看不懂簡譜、更不知月琴為何物的門外漢，到現在成為擔負全臺教學的「台灣唸歌團」團長。更幸能得到洪瑞珍老師到國寶大師楊秀卿和王玉川，陳美珠和陳寶貴的閃亮師承，當中的酸甜苦辣也只有葉文生自己能夠明白。他自己也說道：「回憶起第一次演出，唱勸世歌時，老師直搖頭說不知道我在唱什麼」，而今望著恩師的照片輕訴著：「老師，我現在應該已經進步很多了吧！？」在台灣的唸歌史上，葉文生亦是一個傳奇，學無止境更是他人生的體悟。直至現在除了終日忙於教學外，也積極的奔赴台灣各地蒐集整理唸歌的相關資料。畢竟這些資料對他來說彌足珍貴，除了對於台灣這片土地的深厚情感外，也是對於自己恩師真摯的感念，「唸歌仔」對他來說代表著不僅僅是一門傳統技藝與傳承，更代表他一路以來不顧旁人眼光，堅定往前的人生路，也因著他的執著，讓台灣的唸歌不至失傳，更讓唸歌能夠傳唱在台灣每個角落，也因著他為唸歌開啟一扇永不止息的傳藝之門。

用生命的彩筆 幻化出無數的驚艷與感動

藝術創作是千變萬化的，每當一股新的潮流竄起時，都會引發藝術界巨大的震撼。張淑德教授從事藝術創作40餘載，不論是古典或是現代，具象抑或是抽象，甚至近年來的複合媒材，她都能掌控自若，對於藝術創作的熱愛，從不因為時間的流逝而有所改變，而藝術創作也化為她生命中不可或缺的養分，藉由一幅幅精湛的畫作，感動著自己，也感動著愛好藝術的社會大眾。

薪傳獎畫家

張淑德 教授

幼時酷愛書法 在學習中逐步走上藝術繪畫之路

張淑德出生於台北，家境非常平凡，父親是名公務員，民國34年隨著國民政府陳儀將軍來台後，便定居下來。年幼時由於父親公務繁忙，絕大多數的時間由母親陪伴長大。小時侯張淑德最愛黏著母親，尤其是母親在廚房燒菜或是整理家務時，常常目不轉睛地盯著母親所做的一切，或許是長期的耳濡目染，張淑德對於操辦家務也是非常精通。念小學時所有的學習作業中，她最喜歡書法，只要一有空檔便會做上學習的折疊桌椅、拿著書法的描紅簿，一筆一畫的寫著，當時的教育體系，書法是小學生必學的科目之一，許多的學生對於書法作業是頭痛不已，但是張淑德卻對書法極其熱愛。記得當初有所謂的寒暑假作業，裡頭便有書法項目，而她常常第一天就

將書法作業一次寫完，還覺得意猶未盡。因自己的喜愛與長年的練習，小小年紀的她便寫得一手讓師長稱讚的好字，而當時她的志願就是未來要當一名書法老師。在國小五年級時更進入書法班研習，或許也因她熱愛書法之故，更替日後走向書畫藝術奠下相當紮實的基礎。

藝術之路紮實學習
遠赴日本開拓視野
回國任教作育英才

完成基礎學業後，張淑德如願考進師大美術系，正式步入繪畫創作的學習歷程，在校期間除了不斷學習理論與實務外，也在課間之餘當起國中生的美術家教。在此時透過華岡博物館陳國寧館長的推薦，遇見了影響自己頗深的恩師，前國立故宮博物院副院長莊嚴先生，他是一位非常知名的書法家、古文物與藝術史學者，在台灣書法界以瘦金體書法聞名。莊嚴遇見張淑德的第一眼就覺得很有緣分，張淑德從每週四去學習到經常去整理書籍拿筆墨陪寫，姐姐見狀羨慕不已，張淑德不得不在媽媽要求下，帶著生病的姐姐一起去跟莊老師學習，在莊老師心中她是個孝順與友愛，且對藝術有非常高天賦的學生，更不吝將

一生所學所聞，教導給這位最鍾愛的學生，甚至推薦入當時非常具肯定的忘年書展。莊嚴老師遲暮之時，張淑德更是隨侍在側，直至莊嚴老師過世後，才了卻這段深厚的師生之情。

張淑德在國立臺灣師範大學美術系國畫組畢業後，曾在故宮博物院工作了兩年的時間。後續離開故宮後，憑藉自己對於繪畫的熱誠開辦「頌荷蘆」繪畫教室，因為自己的教學方式有別於傳統，她積極的要求學生要重視實作與創新，不要拘泥於所謂的理論，尤其張淑德本身的藝術繪畫功底非常紮實，也讓許多學生慕名而來參與她的課程教學。在教學一陣子後，莊老師口口聲聲、耳提面命，要張淑德有生之年，必須去日本把我們「送給日本」的唐朝的繪畫藝術找回。因而萌生去日本尋根的念頭，便在1992年遠赴日本東京開啟另一番學習之旅，歷經6年後取得東京學藝大學碩士與東京藝術大學博士後期研究生，在1998年回國後，開始她在國內正式的執教生涯，前後在新埔技術學院、慈濟技術學院、高雄醫學大學任職，為國內的藝術界培育出不少優秀的人才。

一路行來始終如一
總使遭挫仍不改初心

回國後的張淑德，除了熱心教學外，更醉心於自己的創作。多年來以及旅日時的深厚基礎，讓她的水墨畫獲得多方關注，由於畫作的方向中西兼具，在國內畫壇也是獨樹一格的存在。因此獲得許多單位的畫展邀約，自1999年至今辦展無數。更在2013年赴四川熊貓園，以嶄新的畫技勾勒出以大熊貓的寫生作品，被邀請成為福州海峽大熊貓樂園授予水墨代言人，而一系列的熊貓創作，對大熊貓巴斯、盼盼所做的付出，獲得四川省雅安頒發的首屆大熊貓文化傳播使。張淑德不僅憑藉著在書

法藝術的專精，還回到日本發表了3篇有關於唐朝的繪畫技法，不辱師命的雙重表現，得到了2017年第24屆全球中華文化藝術薪傳獎畫藝獎殊榮，當時國際巨匠劉國松先生得到的是第23屆全球中華文化藝術薪傳獎，讓張淑德覺得非常榮幸。而這一系列的得獎光環，並未改變她對教學的熱誠與創作的熱情，相反的她更加去思索國內藝術現況，以及後續的藝術發展。雖然一路行來，張淑德也歷經許多流言毀謗，甚至會以她家中有精神障礙人士，對她有諸多的不諒解。但這些挫折仍然無法阻擋她熱愛藝術的心，甚至以她在藝術殿堂的高度，開始研發一系列有關牙型素描與塑造教材，讓牙醫系的學生參考使用。也指導醫學系的學生畫醫學素描至今，在她多年來醉心藝術與教學的路上，她覺得藝術是藝術創作者的心靈對周遭景物所生出的感受與悸動，又或者是以不同的感覺與覺受，用繪畫方式來呈現，就如一首受人歡迎的歌曲般，讓喜愛的人能夠不停傳唱才對，聽著張淑德老師娓娓道來她所發生的故事，更能感受到她人生各個時期的喜怒哀愁，看著她身為藝術家如冬梅的傲骨，期盼她能再創作出令人感動的作品，讓每個人都能沉浸在她充滿愛的藝術世界中。

台灣生命故事館

廖淨程

愛心、耐心、信心三心合一成為弱勢族群的守護

在台灣有不少精障與身障的家庭存在，不管是先天還是後天，對這些家有精障或是身障者的家庭來說，都是一份不算輕鬆的負擔。而廖淨程的妹妹正是一位先天的身障人士，也因長期陪伴著妹妹成長的過程，讓廖淨程對於弱勢族群自然而然多了一份關切與關心，更期待以台灣生命故事館為一個起點，為更多的需要的人服務，貢獻出一份自己的心力。

在陪伴中成長 決志成為妹妹一輩子的守護

廖淨程是一名八年級生，出生在一個非常平凡的家庭，父親是市場攤販而母親則是普通的上班族，在社會中這樣的家庭比比皆是，唯一不同的是，在這個家庭中有一位沉重且甜蜜的負擔，那就是廖淨程的妹妹，自幼她就有著情緒障礙及憂鬱、躁鬱多重精神疾病的患者。早年因為一般家庭對於精神疾病其實並沒有太多的認知，所以當廖淨程的妹妹在三歲那年出現一些反常的行為時，家人只覺得可能是小孩子需要收驚或是小小的中邪，以為只要找宮廟師父處理一下就好，但情況卻沒有任何好轉，反而越發嚴重，時常莫名其妙地大哭大鬧、東西亂丟，更出現一些無法控制的自殘行為。後來帶去醫院詳細檢查後才將妹妹的病因查出。因為妹妹的病情，母親只能辭去工作，全心全意照顧著她，而年紀尚小的廖淨程也就這樣協助母親照顧著妹妹，他常常都會問母親

為什麼自己的妹妹都不能跟別人家一樣陪自己玩，而母親總是充滿著淚水輕嘆著說：「淨程，因為妹妹生病，你是哥哥要多照顧她才行。」所以廖淨程的青少年時期就是在這樣的環境下成長，也很少出去玩，每每有同學找他閒暇之餘出去玩耍時，他總是輕回一句「我要回家照顧妹妹，沒辦法跟你們玩」，年紀尚小的他知道只要回家協助母親照顧妹妹，就能夠讓母親能夠稍稍的休息一下。在陪伴妹妹的成長過程中，年幼的廖淨程也不免會有自己的情緒，有時候也會想要是沒有這樣的妹妹該有多好，但是看見妹妹有時對他露出笑容時，身為哥哥的廖淨程，也總是會摸摸妹妹的頭對著妹妹說：「乖！我都在這裡陪伴妳」。

一顆柔暖良善的心
開啟創業的契機

也因為自小長期照顧著妹妹，廖淨程對於身邊出現的身心障礙人士，總是會在自己能力許可的範圍內提供協助。後續妹妹也在專業醫生的評估下，讓妹妹住進療養機構，讓專業的人士提供較好的醫療品質，由於每個月都需要龐大的醫療經費，廖淨程在高中時間就開始半工半讀，期盼減輕父母肩上的壓力。中間也曾思考著是否輟學投入職場，但母親對他說沒有學歷，日後很難找到一份好的工作，於是廖淨程也就勤工儉學完成大學學歷。因為工科背景，服完兵役後自然的進入科技大廠就業，也常常自願加班，有時一天幾乎一半以上的時間都在廠區工作著，為的只是一份較為豐厚的

薪資，然後可以交給母親照顧妹妹，就這樣工作好幾年，由於長期的加班造成身體出現一些狀況，自己也評估除了目前的工作型態外，是否有其他的可能性，興起了自我創業的念頭。除了翻閱大量的書籍資料外，廖淨程參加許多有關於創業的講座，但對於創業這件事仍舊是毫無任何的頭緒。某日正在家中觀看電視時，一段訪談的節目深深吸引著他的目光，節目中的訪談對象正是林作賢校長，而林校長的故事還有輔導青年創業的內容深深吸引著他，廖淨程此時心中暗許一定要找到校長請益，或許能夠為自己創業的未來藍圖開啟契機。

貴人提攜 義無反顧
邁向創業之路

幾經波折，廖淨程也透過節目製作單位找到林作賢校長，在深談後，校長也給予了非常多寶貴的建議。碰巧此時林作賢校長正在籌備台灣生命故事館，便邀請廖淨程一起執行這項專案計畫，同時也可以讓廖淨程增加實務經驗，以及對外界的一些溝通與聯繫的能力，廖淨程也興起想要為台灣的身心障礙者描述他們的生命故事置入故事館中，希望藉由他們的經歷以及心路歷程，能夠激勵更多人、能夠用正向的心態與思維去面對人生中不同的挑戰。藉由生命故事館，廖淨程也開啟創業的第一哩路，從原本只是一位在科技廠中的工程師，轉換成一位執

行計畫的創業者，中間也歷經許多心態上的轉變。原本不擅與人交際、口才稍稍遲緩的他，也練就了與人溝通無礙的本事。在與許多生命故事館中的主角接觸後，他也更加確定日後的方向，希望能以生命故事館做為主題，逐步向外延伸，整合目前社會上有利的資源，轉變成真正能夠協助到許多弱勢族群的實際面向。廖淨程覺得雖然目前台灣的社會福利政策還不錯，但與歐美先進國家比較起來，還是有一段不算小的差距。看到需求、了解需求、滿足需求是他所想要追尋的目標，廖淨程也想在未來事業體足夠穩固後，成為許多人的圓夢者，協助社會上這些弱勢的人士，都能夠擁有屬於自己的一片天，未來也會朝著社會企業的模組去發展屬於自己的事業體系，用自己有限的生命，去照亮無限的可能，以愛為名、以愛為光、以愛為路讓現在可能是被守護的人，日後成為守護他人的人，共創一個充滿愛與祥和的溫暖社會。

林政緯

擺脫命運操弄 重啟人生的生命鬥士

對於一般人來說，大學時期是最精華的時刻；但對於林政緯來說，卻是一場惡夢的開始，突如其來的意外徹底改變了未來規劃，熱愛表演的他，原本可以成為舞台上最璀璨的明日之星，迎接光明人生，也在此時陷入人生最黑暗的時刻，憑藉著自己堅定的意志，重新站回舞台，不同的是除了表演，也成為一名生命教育的演說家，藉著自己的故事激勵舞台下的人，以自己為日照耀更多人光明前程。

本應翱翔天際 一時不慎只能墜落

大學生涯對一般莘莘學子來說，應充滿陽光與希望，甚至也是未來進入社會中非常重要的跳板之一，但對於林政緯來說卻是一段極其黑暗的時刻。林政緯家境並不是非常富裕，由於高中時父親因病驟逝，家中的經濟重擔便完全落在母親身上，原本想要輟學負擔家計，但在母親的關愛勸說下，讓林政緯放棄輟學的念頭而專心繼續念書。因為母親是一名洗腎患者，所以長年飽受洗腎之苦，而林政緯也曉得如果要減輕家中的負擔，勢必要先將學歷完成才行，年紀尚輕的他便已經替未來有了明確的規劃方向，也為了方便照顧母親就選擇進入銘傳財金系就讀，在他的認知就讀財金系對於畢業後就業會是一個比較好的發展方向。

在校就讀期間，林政緯除了專注自己的學業之外，也積極參與各類的活動，先後擔任了銘傳大學財務金融系國際先生、系學會會長以及學校的親善大使，亦是校內的風雲人物，在大三那年憑藉自己能歌善舞的優異表現，入選當紅節目「超級星

光大道」的海選。而此時正逢他率領全校社團儲備幹部到金山活動中心舉辦幹部培訓營，也期待能以自己的專才，培育出優秀的社團幹部後，剛好可以到電視台參與錄影，也許自己也可成為最閃耀的明日之星。本以為即將可以開啟美好的人生時，老天卻在此時給了他重重的一擊。就在幹訓的最後一天，大家正四處拍照留念時，在同學鼓動下想要拍一張帥氣的照片，就從海岸邊約一公尺高的沙堆上跳入海中，意外就此發生，因為一時不察在跳躍，後頸直接撞擊在淺灘上，林政緯當下全身無法動彈，本以為可能只是腦震盪之類的，但送進醫院後經過醫生縝密檢查，給了他一個無法接受的事實，因為撞擊力道過大，造成頸椎受傷非常嚴重，雖然撿回一條命，但面臨到的是頸部以下全部癱瘓，可能終身只能躺在床上無法跟正常人一樣行動自如。

連死都需要假他人之手
我還能做些甚麼

在病榻上的日子，洗腎的母親不辭辛勞照護著林政緯，看著母親焦急與失落的眼神，林政緯想不出任何的字句安慰母親，原本期待畢業後能夠照顧母親，但現今的狀況，自己反而成為最需要被人照顧的人。在那段時日林政緯常夜不能眠，常在睡夢中被惡夢驚醒，身心俱疲的狀況下，想了卻生命的念頭，時時盤旋在腦海中，但此時的林政緯卻因四肢無法動彈，連死都成為一種奢望，每天只能盯著天花板發呆，即便內心苦楚想要藉由淚水發洩都無法做到，深怕淚水被

母親發現，讓母親更加擔憂，一旦想落淚時只能咬著牙、刻意的壓抑著自己最悲傷的情緒，後來甚至想著絕食讓自己的生命斷然中止，但看著母親充滿期盼的眼神，也只能放棄這樣的念頭。這樣日子一天天的過去，從前那個在舞台上揮灑青春的年輕人已不復存在，所剩下的只是一副無法動彈的軀體，每天行屍走肉般地活著，林政緯也不再與外界溝通，當一個人徹底放棄自己的時候，旁人百般的安慰對自己來說都是刺耳的話語。這樣的狀況除非當事者，旁人是無法體會到林政緯內心的悲哀與憤恨，恨自己錯誤的決定、恨當初那場意外、恨老天為何不直接抹煞自己的生命，更恨自己現在的樣子，但是母親的慈愛以及周遭親友的關懷，也讓他憤恨不平的心慢慢沉靜下來，也開始思索活著對於自己的意義，這樣的活著還能做些甚麼？放棄或是繼續也成了他此時面臨最大的選擇題。

轉念即是轉變
用堅毅的心壯大自己重新飛翔

因著母親的關愛，還有對她的一份責任，更在朋友的鼓勵加油中，林政緯開始了漫長且極為辛苦的復健過程，由於神經系統受損嚴重，連正常說話都是一項嚴峻的課題，但林政

緯並未因此放棄，反而倚靠強大的意志力去克服，這樣的意念也支撐著林政緯度過漫長的五年時間，從一開始的口語不清到能開口唱歌；從全身癱瘓到後期能夠藉由輪椅行動，箇中的辛酸也只有自己才曉得，隨著復健的成效，林政緯感受到陰霾中的曙光正朝著自己慢慢而來。

復健過程中也加入了社團法人台北市脊髓損傷者協會，在協會的協助下擔任講師一職，以自己的經歷去激勵更多與他有相同遭遇的病友們，甚至也到校園中分享自己的故事，藉由每次的演說散發屬於自己的正能量，將對生命的堅持與熱愛傳達給每一位聽眾。

生命總是會有轉機，上天總是會在關起一扇門後，開啟另一扇窗，林政緯因緣際會下，加入了蕭煌奇老師的夢想者聯盟，再次開啟自己的歌唱生涯，而知名作詞家嚴云農更在聽了林政緯的故事後，感動之餘寫

下了《發聲練習》這首歌，完美詮釋林政緯這一路以來的心路歷程，每當林政緯開口唱起這首歌時，總會讓人眼眶濕潤、感動不已，隨著時間林政緯也投入全部的精神、心力學習生活自理，只要他想自己完成的事情，就不假手於他人。雖然現今仍需倚靠旁人才能坐上輪椅，但他也在復健中完成自己的學業，更不斷的充實自我，多方面的嘗試與學習，現今的林政緯不單單是一名歌手，也是講師，甚至學習音樂剪輯、影片編輯後成立了自己的YouTube頻道「人生炸G店」，成為一名有知名度的網紅，由自己創作的文字影音作品，鼓舞更多的朋友正向面對生命，不要被眼前的困境或是一時困頓所捆綁，更應該激發出自己的鬥志，迎向屬於自己美好的明天。一路以來林政緯始終相信，唯有懷抱堅定的信念，才能從「有限的身體創造無限的價值」。

程靖淳

用畫筆揮灑屬於自己耀眼的天空

出生時的嚴重醫療疏忽，讓程靖淳腦部受損，讓她原本該擁有的正常人生，變得與眾不同。在成長的過程中，靖淳的母親傾盡全力的呵護與陪伴，也讓這位慢飛的小天使，擁抱屬於自己的人生，更因天生繪畫的天賦，在自身不斷的努力學習下，用著畫筆勾勒出獨屬於自己充滿亮麗色彩的未來。

本該昂首闊步
卻只能步履蹣跚的前行

程靖淳原本應該與正常人一樣擁有完整的人生，卻就在出生時，遭遇一連串的醫療失誤，因在母親體內待了太久時間，造成腦部缺氧受損，雖然經過緊急的搶救，還是造成不可逆的後果，更讓靖淳往後的人生充滿著許多未知挑戰，當時剛出生的靖淳整整在醫院裡待了一個月後才出院，母親急切地詢問醫生後續對於靖淳有多大的影響，但因為靖淳還是嬰兒期，醫生也無法給予明確的答案，只能說可以慢慢恢復，是否能夠像正常人一樣卻無法打包票，就這樣靖淳的母親默默的就把靖淳接回家照顧。由於腦部受到損傷，

她無法像一般正常的孩童一樣餵食，只能倚靠的母親用灌食的方式，維持她弱小的生命。而那段時間對於母親董麗慧來說，更是一段驚心動魄的歲月，每到夜晚總是非常不放心察看靖淳的狀況，深怕她忽然沒有了呼吸，或是有其他狀況發生，常常一個晚上起來十多次，只為了看看自己的寶貝女兒是否安好。當時的董麗慧還在一間公司任職會計工作，原本想要辭職專心照顧自己的女兒，但是老闆知道狀況後反而跟董麗慧說：把孩子帶來公司吧！讓我們公司的同仁一起照顧她。就這樣幼兒時期，靖淳就在母親以及母親公司內許多的善良同事關懷下，慢慢地長大。但是往後日子她該如何度過呢？身為母親的董麗慧不禁如此擔憂著。

旁人的關愛與欺凌
成為成長茁壯的養分

自從程靖淳進入就學階段後，許多的風波也接踵而來，由於本身並不是非常嚴重的智能障礙，但是因為表達能力或是行為總會讓一些同儕側目，甚至不懷好意的欺負她，另一方面也會有充滿正義感的同學在她面臨欺負時，挺身而出替她抱不平。在靖淳的眼中自己跟正常人沒有什麼不同，可能只是反應慢一些，或是無法及時的表達自己的情緒，自尊心強烈的她總是充滿著不服輸的精神，雖然在學習上不見得能跟上一般生正常的腳步，但看在老師眼中，她卻是個非常進取的好學生。隨著年齡的增長，靖淳的思想也越發的獨立，但是腦中的意識總是跟不上身體反應。

久而久之面對旁人有時異樣的眼光，也越來越沒有自信，到了國二階段甚至完全不想進入校園，不管母親好說歹說，就是不願進入校園去承受這些不友善的眼光，不得已之下，母親董麗慧在徵得老闆的同意後就帶著靖淳用自學的方式完成國中學業。由於靖淳自尊心相當的高，對於自己的情緒總是深埋心中，也不輕易的對人訴說，更因為長期性的壓抑，罹患上憂鬱與躁鬱症，常常無故的大哭或是大發脾氣，甚至產生自殘的行為。身為母親的董麗慧也為此心痛不已，試圖用各種方式希望能夠治癒女兒這方面的疾病，恰巧這時候剛好遇見貴格會中心教會何淑鳳師母，在她的帶領下讓母女倆進入了教會的生活，在教會中諸多的兄弟姊妹以及牧師與師母的循循善誘與教導，慢慢的打開靖淳積累多年的心結，也因著這樣的恩典，讓靖淳的身心靈方面有了相當大的改善。

在上帝榮光照耀下
輕執畫筆揮灑屬於自己的天空

在進入教會後，靖淳也漸漸的開朗起來，原本對於自己沒有自信，也對未來沒有任何的方向時，上帝也悄悄的替靖淳開了一扇門，這時靖淳剛好也接觸了一間社福團體，在這裡接觸到油畫，原本在旁人眼中，

她就是個無法長大的孩子，卻在油畫的世界中，展露了異於常人的天賦，拿起畫筆時，靖淳彷若進入另一個世界，在她的巧手下，一幅幅精彩又充滿生命力的畫作，呈現在大家的目光中，而這項技能也被教會的牧師看中，甚至聘請靖淳在教會中教導其他對於繪畫有興趣的弟兄姊妹們。就這樣靖淳沉浸在繪畫的喜悅中，一但覺得情緒受挫或是有所感觸時，便拿著畫筆開始作畫。2019年程靖淳獲得傑人會之邀，舉辦了人生中第一次的畫展，一推出便吸引許多愛好繪畫人士的喜愛，慢飛天使畫家美譽也不逕而走，靖淳最擅長的主題是風景還有靜物花卉，在她眼中世間本該就是如此多姿多采，且富含生命力，她常常可以在畫布前一待就是好幾個小時，只為了完成心目中理想的作品，後期也因為喜愛她的畫作者眾多，在母親的引領下，開發出許多與她畫作的相關作品，像是馬克杯、保溫壺、杯墊、提袋等等，也利用空間之餘進入文創市集擺攤。在市集中，她也常常跟喜歡她作品的消費者侃侃而談自己的創作理念與想法，更在市集中結交了不少好友與粉絲，只要知道她要去某個市集的訊息，就會引起許多人的關注，而她的攤位永遠都充斥著歡笑聲。一路走來，母親董麗慧的陪伴還有靖淳堅定的意志，讓母女倆的故事讓聽者為之動容，就像董麗慧所說，她們母女彼此互為天使，互相照護與陪伴，人生的旅途上共伴、共生、共業、共榮，並將這樣璀璨的一切歸於主的守護，我們也期望這樣的母女倆能夠繼續散佈愛的能量，更希望靖淳在未來藝術之路能夠走的且長且久，用自己的畫作感動更多的人，共創一個充滿愛與感恩的社會。

從基層做起靠著堅定意志與過人勇氣成就自己的事業版圖

因著社會變遷與人們思想轉變，在台灣有許多從事工程方面的工作是現在年輕人不喜參與的。像是建築工地工人、冷氣安裝工、各類設備的安裝人員等等，常面臨大量缺工的情形。黃子豪本身是一名安裝消防設備的公司負責人，一路以來也從基層學徒做起，一步一腳印憑著自己苦幹實幹的精神，逐步建立起屬於自己的事業體，更可成為現今年輕人的表率。英雄不論出身低，只要自身夠努力，老天一定會給予非常好的安排，讓努力的人都能擁有璀璨的未來。

沁豐消防公司

黃子豪

在父親鐵的紀律與愛的教育下造就堅毅的人格

黃子豪是名七年級生，自幼生長在新北市，家中排行老二。父親是上海人，早年跟隨國民政府來台後，便在台灣落地生根開設油墨公司。實質來說是一名不折不扣的外省二代，黃子豪打從懂事開始，就跟隨在父親身邊協助幫忙一些能力所及之事，而父親平日更以身教教育著他，而對於黃子豪的課業父親並不非常看重，但對於品德教育則是非常嚴厲。也因此從小他的成績非常平凡，但是品性卻比一般孩子來的高些。而嚴厲的父親也有其溫暖的一面，記得有次黃子豪從外頭撿回一隻流浪貓，因為怕家人發現並責罵，便偷偷的養在自己書桌抽屜中。某日放學回家時，一回到家中就看見父親抱著自己的貓，用吹風機吹著牠濕漉漉的身軀，當下黃子豪非常害怕被父親責罵自己偷偷養貓的事，但父親卻非常和善地對他說：「你把貓養在抽屜裡，牠把水打翻了，我就先把牠吹乾不然會生病的，而且你既然帶牠回家養，就要負起責任好好的養牠，不是用這種方式，以後不管做任何事一定要把責任看得非常重要知道嗎？」說罷便把吹乾的小貓交到他的手上，而這一幕即使時隔多年仍舊深深地烙印在黃子豪的心中。這一刻起凡事負責任便成為黃子豪日後在待人接物上一項極為重要的圭臬。

父親的離世打破原本的生活
擔起責任負擔家計

父親在黃子豪國二那年驟然離世，這讓家中發生莫大的改變。由於母親一直以來都是單純的家庭主婦，頓失依靠後顯得十分茫然，父親過世後公司在親戚與母親的支撐下維持運作，而黃子豪也順勢在自家公司利用自己課餘的時間協助母親打理一切。在高職畢業後更為了能夠早日工作，便選擇直接入伍不再繼續升學，歷經二年的兵役生涯回到家中，在母親的安排下進入一家有業務往來的公司，開始學習有關油墨公司的一些精細製程，以期能夠繼承父親遺留下來的家業。歷經二年的學習後，黃子豪對於油墨

方面專業製程也有相當的經驗，正逢之前父親合作過的公司有擴展的計畫。後續便由二家公司互相出資成立另一間新的工廠由黃子豪經營負責，但歷經二年的苦心運營，終因雙方理念還有運營方式各執己見，在沒有共識的狀況下，黃子豪思考許多後便毅然決然地退出公司經營，尋求其他的發展方向。正當自己在為之後該做甚麼事而發愁時，弟弟提到自己熟識的一間消防設備安裝公司缺工，看他是否願意去嘗試一下，畢竟工作粗重且非常辛苦。當下黃子豪也並未思索太多，只覺得先有一份穩定的收入比較重要，而這樣的決定讓黃子豪開啟屬於他一段特別的旅程。

從頭學起精進專業
適逢機緣創建屬於自己的事業體

黃子豪在弟弟的引薦下進入這間公司。從最基礎的學徒開始做起，一開始當然甚麼都不懂，每天就是跟著自己的師傅忙進忙出安裝各類消防設備，但黃子豪的學習動機也相當強烈，遇到自己不懂或是不會的，他一定向師傅虛心地請教，歷經四年的時間也學得一身好本事。但就在此時公司因為運營不善開始裁員，黃子豪也因此失業。此時黃子豪的幼子剛出生，正是需要用錢之際，一時間不知該如何是好，正當自己無計可施之時，過往在工地認識的同行小包商前來聯繫，看黃子豪是否願意以論件計酬的方式協助他完成一個工地的專案。礙於現實的需求，黃子豪便帶著另一位與自己交情不錯的同事一同前往。雖然名義上有一份收入，但這名小包商卻常常拖欠薪資，甚至到後期直接跑路、人間蒸發。由於這個小包商是承接上包的案件，而上包廠商此時出面收拾殘局，也與黃子豪協議請託他能夠接續完成這項工作，黃子豪以負責任的態度去善後，而後所表現的專業讓上包廠商讚譽有佳。在善後的過程中，因為需要開立發票以及制式的流程，黃子豪就在此時正式成立自己的公司，與他們直接對接。在工程結束後也成為這家公司的合作廠商，此時的黃子豪也正式開展屬於自己不凡的創業路。

在歷經三年多的經營後，從原本的二人公司逐步拓展成十多人的企業，身為老闆的黃子豪更是付出自己相當多的時間與精力，而他的精實、誠懇、負責任的態度更是業界所讚許的。回首來時路，箇中的酸甜苦辣也只有自己知曉，黃子豪也以過來人的身分，給予現在年輕人一些建議，職業其實不分高低，但自身的心理素質一定要提升，千萬不要因為一些挫折就放棄往前進，在職場上更要不斷增進自己的實力才不容易被社會淘汰。在黃子豪身上看見一股不服輸的拚勁，面對困境他總是想方設法地去解決而不逃避，對家人以愛、對同事朋友以誠，這也是他能立足於社會的根本。深信在他自身努力不懈的前行中，勢必能夠再創高峰，擁有屬於自己更加光明璀璨的未來。

袋鼠夢工場 創辦人

康美芳

用愛與關懷庇護單親的婦女 引領她們走向 平和幸福的人生

近年來隨著社會風氣的改變，許多人離開婚姻的束縛，而在台灣的單親家庭戶數也超過50萬戶，而近百分之七十都是單親媽媽，若是這些單親母親在婚前並未好好規畫自己的人生，則離婚後非常容易陷入生活的困境而成為弱勢，而袋鼠夢工場創辦人—康美芳也因為歷經這樣的創痛，但因教會和信仰的支持，她得到往前進的力量，成立袋鼠夢工場，專司培訓弱勢單媽發展專長，得以自食其力，再次重新找回屬於自己的幸福人生。

不堪的過往 二段失敗的婚姻 讓自己的人生充滿灰暗

康美芳出身南部純樸的鄉村，個性善良的她，小時候便憧憬著能夠遇上愛她的另一半，擁有自己的家庭與小孩，平凡開心的過完一生，二十歲那一年便走進婚姻，婚後不久懷有新生命的同時，丈夫卻因為一時不慎誤觸法網鋃鐺入獄。丈夫本只是一時迷糊，但沒想到丈夫出獄後卻已被監獄大染缸改變思想，每天只想著走旁門左道快速賺錢，甚至計畫一些犯罪行為，多次勸戒無果後，康美芳就訴請離婚，無奈在不建全的法律下失去了孩子的監護權。離婚後的她獨自一人，將全部的精神投注在工作上，藉著忙碌的工作去撫平內心失婚的傷痛，但每次拖著疲累的身軀回到空盪盪的住所時，便忍不住的掉淚，因為堅強的外表下隱藏一顆非常脆弱的心。後來因大兒子突然回到身邊，想要給他一個家，結識一位覺得還算善良的對象。就這樣她再次步入婚姻，但沒想到婚前良善的丈夫卻有著家暴的傾向，因為一些理念上的不合對她動粗導致流鼻血，後來因為觀念差距實在太大，也與第二任的丈夫離異，僅維持一年卻以失敗收場。

在教會中結識值得託付的另一半 重啟屬於自己的人生

由於信仰的關係，在歷經二次婚姻後，她便全心尋求主，對婚姻抱持恐懼的態度，但在教會的兄弟極力地促成下，擁有了第三段的婚姻，而這場

婚姻也藉著主的恩典，讓她在45歲這一年迎來了第二個兒子。在歷經失婚的苦楚中看見自己的使命，因此也全心的投入溪水旁關懷單親家庭協會的事工，去學習如何陪伴單親的姐妹兄弟，在協會中也遇見許多經濟困頓的單親媽媽，但是協會本身是非營利組織，對於這些單親媽媽來說也僅能提供心靈上的安慰與關懷，並無法實質上徹底去解決單親媽媽經濟困頓的現實問題，正在發愁之時，剛巧小組中的廖媽媽退休後考取丙廚證照想創業，兩人遂攜手摸索如何藉由廚藝協助單親媽媽們尋求出路。後續更開設免費烹飪課，課程結束後鼓勵學員報考丙級廚師執照，幫助單親媽媽擁有一技之長。之後也成立社會企業藉由單親媽媽故事分享、烹飪課程與展銷活動推廣，吸引許多貴人共襄盛舉，陸續解決資金、場地、師資、食材種種問題。

丈夫的離世悲慟不已
將一份對他的愛轉換成關懷單親的動力

正當一切計劃如火如荼地進行時，未滿60歲的先生卻在此時罹患皮膚癌末期，在這段時間也是康美芳最煎熬的時刻，又面臨了合夥技術股東個人資金不足跳票、房東賣房子，新房東想調漲房租，藉口蓋樓百般刁難不租，2020年疫情嚴重衝擊餐飲業，再考驗著她做出抉擇，貸款繼續走下去？關廠結束夢想？

但幾經掙扎中她仍選擇持續去推動這項計畫，因為她明白這是她的使命必須去完成，就這樣康美芳一方面操勞著單親媽媽的問題，二方面也陪伴著先生度過他人生最後的旅程。先生過世後，康美芳更是全心力的投入在這些弱勢單親媽媽身上，只要能看著她們慢慢走出生活的困頓，就會覺得備感欣慰。後來股東離開，康美芳獨力承接起工廠的資金壓力重擔，走入完全社會企業的經營模式，更與許多企業尋求合作機會，共同為這些單親家庭一起努力。

許多單親者因為失婚感到羞愧，不但怯於對外求援，反而更加封閉自己，越是陷入自己困境裡，但康美芳一直認為，幫助別人就是最好的療傷途徑，成為一個幫助者後，回頭看看會發現自己的難處其實不大，就像她自己的過去，曾經以為不堪，但現在都成為幫助別人的養份。未來康美芳希望袋鼠夢工場能夠成為許多單親家庭的庇護所，給予她們一處能夠重新站起來的起點，讓所有的單親家長們，能夠健全快樂的擁有屬於自己美好人生。

奇委有限公司 董事長

呂學德

因緣際會身帶使命 開創聽聲辨人術

雖說現在已經進入所謂科學的世代，但是在現實的環境中，卻常常會出現一些無法用科學去解釋的狀況。而呂學德先生自幼便有著許多奇遇，歷經多次的生命無常與轉換，也對於人生與命運有著相當多的感觸，雖有屬於自己的事業體，但秉持著真誠良善以及助人的心，自行研究出獨樹一格的聽聲辨人術，讓一般社會大眾對於自身的人際關係，或是想要增加辨人、識人有興趣的，都可以有所依歸與學習的方式。

青少年時的悲慘歲月 與堅定自己負重前行的心

呂學德先生出生於台北，幼年時家境並不富裕，家裡原本從事雜貨店。後來舉家搬遷至桃園後，父親便開始從事有關資源回收的工作。早年資源回收不受人待見，但收入還算穩定，在父親的努力下讓家境漸漸好轉。因家中是開放式的工作空間，常有些奇人異士到訪，看著年幼的呂學德也會順便教導一些神奇的事物，當時懵懂的他也因此學習到不少東西。大約16歲那年，呂學德不慎被雷擊，這次的意外事件，雖然沒有受傷，但也讓呂學德的人生有著不同的際遇。在師長的眼中，呂學德是非常聰穎的小孩，手作能力也非常的強，曾因一次以雞骨頭拼湊成一架飛機模型而獲獎，後續一路順暢的完成國中與高中的學歷。但在高中那年，家道開始中落、負債累累，多位債主經常上門討債，因父母已經年邁，變將矛頭指向呂學德，而他為了父母，義不容辭的承諾會將債務清償，正當自己想方設法如何清償高額債務時，發現家中資源回收的業務範疇中，有個可以賺錢的契機。當時因為資源回收之故，會與許多的工廠合作，其中也包含所謂碳鋼的廢材，但是這個材料對於其他工業來說卻是不可或缺的原料，因此讓呂學德能夠以低價購入再高價賣出，就這樣在非常短的時間內，靠著這樣的操作清償家中所有的債務，也在這個時候開始步入經營自己企業的第一步。

勤工儉學承繼家業
天命使然誠心助人

高中畢業後的呂學德，憑藉他天賦異稟的才能將回收事業體經營的有聲有色，不僅償還了家中所有債務，

更讓自己的公司成為桃園地區數一數二的存在。看著家中經濟漸趨穩定，此時30歲的呂學德毅然決定重返校園學習，並考取了中興大學企業經營管理系，順利取得學位。本以為應該一路平順，但或許是老天另有安排，為呂學德設下磨難，讓原本平順的事業又瀕臨破產邊緣。在事業面臨重挫時，他並不因此氣餒，除了讓事業體維持下去之外，也將過往的一些較為奇幻的學習經歷重整，憑藉自身對於現況的感悟，讓一些遭逢危難的人，經由自己的方式能夠轉危為安，一開始也只是將自己所看見或是知道的事，對旁人提出建議或是建言，並不會直接參與。當時身邊的人只覺得這位董事長怎麼說起話來這麼奇怪，總是充滿著疑惑或是不解，但是受過呂學德提點的人，也都親身經歷他所告知而真的發生的事情，因此呂學德能夠知曉一個人命運之事，沒多久變廣為人知，不少人也因此慕名而來，希望呂學德能夠指點迷津。隨著幫助的人越來越多，後續也有人為了答謝而致贈謝金，呂學德也大方地收下，但是他卻不曾動用一分一毫，而是轉作公益使用，如購賣救難器材捐贈給救難協會，以及一些貧困的家庭使用，在呂學德的認知，

他是為了這些人再去累積福報，一套專業的救難設備，是可以在必要的時候挽救更多人的生命。讓付出這筆金錢的人，也能夠感受天地之間對於善念的給予。所以也一直用這樣的方式，去協助與自己有緣之人，傳遞一份最真摯的善念。

世事險惡人心不古 最強的防身術聽音辨人

因為一路走來，呂學德深知人心難測，所以融合自己自身的感悟與能力，融合了科學的學理，也經由多方的驗證與實驗，創造出人人皆可學習的聽音辨人術。聲音是人與人之間最直接的接觸方式，非常的直觀，每個人說話的方式與頻率、發聲的部位也不盡相同，更代表這個人的個性與人格特質。而聽音辨人術，可以在短時間的交流下，馬上判斷出這個人內心真正的想法，這對於許多人來說是非常便捷且準確的一種識人方式。而應用範疇更是相當的廣泛，如老闆要面試找到好的員工、從事業務工作者要與客戶交流、甚至日常的一些交友應酬場合也用得上，讓使用者知道哪些人可以深交？哪些人就近而遠之？其實可以在日常生活中建立起自己最基本的防護網。而現階段呂學德將自己這些年來的實證，藉由書籍的出版讓這門知識廣為人知，除了四處演講外，未來也將成立顧問公司，以自己的專業所學，還有對於天地間的感悟，協助更多有緣人能夠趨吉避凶、邁向光明的前程。呂學德也更加希望未來能夠持續傳遞一份善的理念，並且集合有志之士共創一個安詳且平和的社會。

神經纖維瘤病友
陳淑美

不甚完美的外表下 仍舊擁有陽光般燦爛的笑容

神經纖維瘤在世界上來說是種罕見疾病，而形成的原因則是基因上出現突變或是改變造成的，患者會因為患病而在外貌上有所損害，最知名的案例就是2003年「非洲阿福」來台尋求醫治，也讓台灣的民眾對於神經纖維瘤有較為正確的認知。而陳淑美是一名先天神經纖維瘤的患者，自小就在眾人異樣的眼光中成長，但她卻以樂觀的心態去看待周遭的一切，也開啟築夢的腳步，更希望藉由自身的故事能夠協助其他病友，走出屬於自己的一片天。

從小在異樣的眼光中成長 因母親的關愛勇敢前行

陳淑美自幼生長在南投，父親從事伐木工作而母親則就近在茶園中工作，雖說家境並不富裕，但陳淑美的雙親也非常努力撫養家中四個小孩。由於母親本身就是神經纖維瘤的患者，所以陳淑美一生下來就遺傳到母親的病因，而其他兄弟姊妹則都是正常的狀況。陳淑美出生後便發現左大腿有一塊咖啡色的牛奶斑，斑上還有長毛，一開始其實都不以為意，一直到陳淑美8、9歲時發現左大腿開始不正常的長大，因為地處鄉下地區，在那個年代根本不會有人知道這是神經纖維瘤，反而會有一些流言蜚語，看來非常荒謬的言論，諸如上天的懲罰或是前世不是好人等等。更因為醫學不發達，陳淑美的母親只能帶著她求神問卦或是尋求密醫，但這一切都是徒勞無功。隨著病況加劇，陳淑美的外型與大腿的變化也是越加的明顯，也漸漸影響平日的生活。而平日裡同齡孩子的嘲笑或是里鄰間鄙夷的眼光，早已深深傷害著陳淑美，而內心中最強大的倚仗，便是自己的母親還有兄弟姊妹，能夠給予她相當濃厚的關愛。

父親的早逝 母親的離開 獨自封閉十五年的光景

父親由於工作緣故，常需至深山大林中伐木，辛勞的工作也只為了給予家人更好的生活，所以常常不在家，而家中所有的一切都是由母親操持，但在陳淑美11歲那年，父親因為伐木意外離世，這也讓原本不甚富裕的家庭雪上加霜，而陳淑美念完國中後，不想讓自己的母親太過操勞放棄繼續升學的機會，轉而北上工作，由於學歷不高只能從事一些勞務工作，而這一待就是10多年，在職場中由於自身的缺陷，在面對人群時總是異常自卑，不喜與人接觸，同事眼中，她就是個沉默寡言的人，其實大家都不知道她內心的煎熬，試問誰不想擁有一副正常的身體與姣好的面容，也因著這樣的軀體，讓她總是忍不住在夜裡掉淚。後來因著慈濟的緣故，陳淑美有了可以治療的機會，就這樣前後開了數次的刀，而每次開刀母親總是陪伴在身邊，給予她最大的安慰與力量。或許因為有著同樣的病因，母親對她總是百般的溺愛。但伴隨著母親的離世，陳淑美生活中最大的倚靠已然消失，這讓她再次陷入永恆的黑暗中，幾乎足不出戶，一個人將自己完全的閉鎖住。

自我省思 以頑強的意志力 將自己拉回正常的軌道

某日陳淑美正在思念母親之際，看著哥哥嫂嫂的背影，猛然覺得自己不可

以再這樣下去，自小到大，母親還有哥哥、姐姐的不離不棄與疼愛，才讓自己走到現在，況且並不想在自己年老時還要增加他們的負擔與壓力。想到這裡，陳淑美也決定打開塵封已久的心，坦然接受自己的所有現況，後續因此認識不少與自己相同的病友，並且開始逐步地往社會中走去，除了協助哥哥的餐飲店外，陳淑美也開始接觸直銷公司，在公司中所有的夥伴也帶給她相當多的溫暖與力量，也開始自我學習一些不同的課程，如提昇業務能力以及心靈激勵等等，在自己的認真與努力下，稍稍有點成績，許多人也因為她的經歷而深深地感動，陳淑美也常常以自己的故事為引，激勵著更多與她一樣的病友。一起接受並不完美的自己，但也一定要保持一顆良善與樂觀的心去面對未來。陳淑美也對自己有著深深的期許，希望在不久的將來能夠成立一個基金會，專門去協助神經纖維瘤的病友們，給予他們需要的協助，讓大家能共同擁有一個璀璨充滿歡笑的遠景。

藝起來串臉社會企業創辦人

楊婉含

身體上的遺缺 阻止不了奔向陽光的腳步

楊婉含是一名神經纖維瘤患者，而罹患這樣疾病的病友皮膚上會長有咖啡牛奶斑影響外觀，多數病友會因為外表而感覺到自卑。婉含一路以來也曾受過不少人歧視的眼光，但堅強的她透過自身學習以及堅韌的心，藉由心靈的療癒、開辦各類的活動，以自身的故事讓更多人能夠了解神經纖維瘤這樣罕見的疾病，更為有著相同病因的病友們，創造自身的價值。讓一般民眾了解其實我們沒有甚麼不同，並藉此傳達臉部平權的理念。

莫名的病因 摧毀青春的歲月

婉含現居在蘆洲，自幼生長在一個非常平凡的家庭，台南家專畢業後就直接進入職場工作，20多歲那年某次發生重感冒，莫名的左側脖子上腫了一大塊，當下婉含只覺得不知所措，經過不同的醫院檢查始終不知道病因為何，後來輾轉到台大的腫瘤科經過醫生的診斷後，證實罹患了多發性神經纖維瘤，全稱NEUROFIBROMATOSIS簡稱NF，是基因位置第十七對染色體異常，患有此病的人身上會有一粒一粒腫瘤長在表皮或皮下區域，皮膚上會出現咖啡牛奶色斑點，而且是現階段醫學無法治癒的一種疾病，知曉病因後她腦袋一片空白，正值青春年華的她怎能忍受這樣的狀況，看著脖子上開始出現的肉瘤以及咖啡色的斑點，她也隨著時間陷入最深沉的絕望中。看著鏡中的自己更加自卑，也常在深夜中哭泣，日復一日的讓自己身陷最黑暗的時刻，甚至也想過結束自己的生命或許會好些。但父母親的關愛也為婉含點上一盞黑暗中的燭光，讓她有勇氣地往前邁進，也開始做一些治療減緩病情。

漫長的療癒
治癒自己也協助別人

之後的婉含便開始在網路上大量蒐集有關於神經纖維瘤的故事與資訊，因為在當時的台灣一般民眾對於這樣的病症是完全陌生的。後續婉含在雅虎社群裡發現有一個神經纖維瘤病友的群組，經過交流後才知道是由一位外國的NF病友所成立，在社群中大家彼此交換醫療資訊與心情。2003年一位來自非洲罹患神經纖維瘤的患者「非洲阿福」來到台灣進行

醫療手術，因為他罹患這樣的疾病導致臉部嚴重的畸形，就像是電影中「象人」主角一般外表令人生懼。在當時引起社會上非常多的關注與報導，此時的台灣民眾才漸漸知道甚麼是神經纖維瘤，也開始重視這些病友的狀況，也有更多的團體開始協助一些醫療工作及關懷照護等事宜。
也因為這樣的機緣，婉含之後參與台灣陽光基金會與台大醫院、長庚醫院、智邦公益館合作的活動，團隊們提供疾病諮詢、心理輔導資源上的相關協助，也讓婉含藉由一次次的活動，慢慢接受自己身上的缺憾，也靠著病友們之間彼此的加油打氣，讓她從陰霾中走出。

一幅畫作 串起奇妙的際遇
開拓與眾不同的前景

在2014年11月，婉含在臉書上看到一幅肖像畫，畫中女生拿著相機看

著自己的作品，當下婉含一眼就看出那是一位神經纖維瘤的病友。為什麼有人要畫神經纖維瘤的病友？一般畫家不都是畫好看的人嗎？抱著這樣的好奇，婉含在那張圖底下按了讚，沒想到畫家直接用英文傳訊息問她是不是NF神經纖維瘤患者，雙方於是藉由Google翻譯建立起了交流。Rachel 是一名藝術家，在美國學校教書同時經營臉書Many face of NF，透過繪畫世上各地神經纖維瘤病友，並舉辦展覽讓大眾更認識神經纖維瘤疾病。也因為這樣的機緣，楊婉含與Rachel更建立起深厚的友誼，後續Rachel也繪製一幅婉含的畫像用訊息傳送與臉書標註她，收到畫像後的婉含感動不已。也因為這張畫像，婉含便創立了藝起來串臉粉專、藝起來串臉社會企業，藉由藝術家繪製NF友肖像與病友們的畫作舉辦畫展，並分享畫作背後的生命故事，且積極推動臉部平權日的活動，號召更多人能夠認識這樣的疾病，給予一般民眾更多正確的認知，也想藉著這樣的活動從中讓參與者能夠理解、尊重每一個人所擁有的獨特性，臉部平權不僅僅只是外貌，而是希望不要因為他人給的第一印象就急著下定論，懂得欣賞看見他人的內在，而神經纖維瘤病友其實與我們並沒有什麼不同。讓每個人都能學會喜歡自己、接受自己、也看見自己。

吉田眼鏡事務所創辦人

陳薏雯

地攤起家憑藉服務與創新開創自己的眼鏡王國

現今社會中，眼鏡早已不是單純改善視力的用品。更變成裝飾以及潮流用品之一，從最早期的近視、遠視、老花眼鏡，到了後續太陽眼鏡、多功能眼鏡以及女性朋友最愛的美瞳鏡片等等，台灣的眼鏡行業間競爭相當激烈，而吉田眼鏡事務所創辦人陳薏雯，憑藉著服務與創新，帶給消費著全新的體驗，並從傳統市場擺攤直到創立自有品牌，一步一步的打造屬於自己的眼鏡王國。

自小天賦異稟的經商思惟擁有不一樣的人生起點

陳薏雯是個七年級生，冷靜以及快速的反應思惟，是她給人的第一印象。國小時期便在父母用心的栽培下，學習許多的才藝課程，10歲便進入國樂班就讀，也紮下非常深厚的國樂基礎。國小至國中時期，滿滿的課後才藝班更佔據了她許多時間，她也非常認真去學習不同於課堂上的領域。從小她對於物品再利用的觀念非常強，總會試著將身邊的東西做最有效的使用。由於母親在唱片中盤工作，在那個年代，追星的風潮絕對不亞於現在，所以唱片行中除了各類音樂唱片與CD外，更有不少當紅歌星的周邊商品，如海報、鑰匙圈、精品小物等等。從國小三年級開始，她會將這些商品在聖誕節時，分送給全班的同學當禮物，她也清楚知道，哪些同學會喜歡哪類的明星商品，因此讓陳薏雯在班上擁有好人緣，但她不是為了討好同學而去做這件事，而是覺得堆疊在家中

的這些商品，既然用不到不如送給有需要的人不是更好些。況且在聖誕節這樣的節慶氛圍，能帶給同學歡樂，不也是美事一樁嗎？也因自小這樣與人為善的性格，更為未來的創業人生路扎下了穩固的基礎。

從歷史領略商業模式 在地攤培養行銷概念

大學時期是陳薏雯蛻變的關鍵點，先後完成文化大學史學系以及元培科技大學視光系，順利拿取雙學位。在就讀文大期間，她與一般同學念書的觀念有相當大的不同，可能同學還在為某個朝代發生的事件糾結時，她卻觀察到各朝代間演變事件的規律，而規律中隱藏著許多商業概念與模式。她也用上在史學中的典故，實際應用在現實中的事物上。由於擔任系學會幹部，收取系費對系學會來說是最麻煩的事情之一。過往收系費的成員常常都是處於被動，所以系學會能夠使用的資源並不多，但陳薏雯則是選擇在新生入學時便昭告天下，讓大家知道系費必須繳交，才能維持整個系學會的基本運作，讓收系費成為必要條件，除此之外更利用校內書展的時間點，販售除了書籍之外的物品，增加系學會的整體營收，讓她在任系學會時，創下有史以來系費最充足的時候。大學畢業後，因父母早已開始在傳統市場中做小生意，便開始協助父母經營，也在市場中學會許多不為人知的銷售技巧，也開始思考是否有其他生意可以進行時，便發現販售眼鏡似乎是可行的，於是便花費2萬元的創業資本，進入販售眼鏡行業中。

獨創游動服務模式 深耕在地客戶創立自主品牌

決定以眼鏡行業為創業的起點後，陳薏雯便思考著後續經營事宜，基於實體店面都是被動式等待客人上門的營銷方式，但陳薏雯卻結合傳統市場的特性，將驗光設備搬去市場中、直接為客戶服務。

此舉在眼鏡銷售行業中也是絕無僅有的，在她的觀念中，她喜歡主動地尋找客戶，讓客戶黏著度增加強過於被動在店中等待客戶的到來。在許多傳統市場、各類的廟會與集會活動，都可以看見陳薏雯的身影，此時的她每天工作時數非常長，雖然備感艱辛，但也為自己培養出許多

死忠的客戶，後續因為驗光法的通過，陳薏雯也無法再用這樣的方式去市場中幫客戶驗光配鏡，便將這樣的服務轉移至實體店面中，市場的銷售則變成如太陽眼鏡等裝飾性商品為主。也在此時進入元培視光系就讀，畢業後順利國考合格成為驗光醫事人員。從市場起家歷經五年的時間，陳薏雯也不斷調整運營方式，除了給予顧客專業的服務外，也開始設計符合國人的各類鏡框，滿足不同的需求。讓眼鏡除了原本的功能外，更能讓配戴者充分的嶄露自信，也因這樣的經營理念，讓吉田眼鏡成為國內知名的品牌之一，且深獲顧客的喜愛與認同，而未來，陳薏雯也將一本初心帶領吉田眼鏡走向國際，更期許讓吉田眼鏡這個本土MIT品牌，在世界各地發光發熱，成為新「視」代的台灣之光。

Kook Living「共享廚房」創辦人

曾科融

一場意外改變人生軌跡 用樂觀良善的心去創造無限的可能

隨著時代的轉變，在大都會中生存的人們，除了每天規律上下班的生活外，與人之間的聯繫也越來越薄弱。人們的社交場合，總是離不開吃飯這件事，即便一個人在外生活也是如此。KOOK Living 創辦人Koko 在「社交」與「吃飯」之間試圖尋找一個能拉近人與人之間的距離，而且可以創造集體共同回憶的方式，藉由「共享廚房」的設立，讓在都市中的人能擁有一處充滿歡笑與回憶的心靈休憩處。

即將步出校園之際 一場意外打破原本人生的藍圖

Koko是一位七年級生，臉上總是帶著陽光燦爛的笑容，若不細查根本不知道她是一位右手只剩拇指的肢障人士。她自小就是非常乖巧且聽話的女孩，父親是從事室內裝修玻璃的工作，母親則在家相夫教子，一家人也非常平順的過日子，大學念的是國立台灣藝術大學工藝設計學系，由於喜歡木頭自身所散發出的溫暖氛圍，便選擇木工組就讀，除了一般理論課程，絕大多數埋首於木工工廠內，操作著木工機具設計出屬於自己的作品。個性溫和且善良的她，更深獲許多師長與同學的喜愛。大四那一年她正在木工廠內，著手處理要參與新一代設計展的板材時，自己的右手不慎捲入刨木機具中，當下右手掌一片血肉模糊。在同學的協助下緊急送醫，雖經過醫生的搶救，但因受傷甚巨，右手掌也失去原本的功能。在住院期間，除了父母的陪伴外，同學們也自發性協助她的課業，也將自己參展的作品順利完成。這也是她引以為傲的一件作品，是一張讓人坐起來會非常舒服的椅子。

身殘心不殘
用溫暖的笑容迎向自己的未來

出院後的Koko並沒有因為自己身體上的缺陷而陷入低潮，相反的她反而安慰著雙親，還有關心她的同學們，總是笑著跟他們說：「別擔心我沒事，我會好好的」。休養期間也開始學習使用左手，舉凡生活中所需要完成的事項，在她一步步練習下，也讓自己與常人無異。自覺恢復差不多的時刻，Koko也一直在思索自己唸的設計系到底能做什麼？在透過恩師范成浩先生的引薦下，前後進入東方線上生活型態與消費市場研究顧問公司，為生活型態的問卷調查數據報告作分析，接著進入由國內科技業龍頭—施振榮先生所創辦的智榮基金會龍吟研論，從事一系列的質化研究，理解先驅消費者的生活脈絡，在職場工作的期間，她除了延續自己熱愛的設計工作外，最令自己收穫頗豐的便是有關生活型態研究的工作，還接觸到相當多現代人生活型態，學習

到何謂趨勢、何為生活型態，這時的她便思索著如何能夠更好地連結現代人的需求與創新方式，對未來自己的一些發展方向，連結現代人的需求，發展創新商業模式，也為自己的未來，種下創新的種子。

與朋友偶發性的談心
開創屬於自己的事業版圖

Koko在一次與自己的朋友聊天時，談起朋友在台北租屋的生活，由於居住空間並不大，三餐也都在外飲食。雖然知道外食不是一件很健康的事情，但租屋處空間就是這樣的小，連個廚房都沒有，想自己在家烹飪根本就是天方夜譚。就因為這樣的一個契機，想到之前市場調查一些消費者的心聲與趨勢，因為在研究內容中，像這樣的群眾不在少數。便思索著是否可以滿足朋友的夢想，甚至開拓一個全新的服務，就

在這樣的一個想法產生後，「共享廚房」的概念也就慢慢成形。在2017年，她便租借了一個場域，以自己設計的專業打造出一個擁有專業廚房與休憩的空間，開啟「共享廚房」的創辦起始點。在這樣的場域中，會為顧客提供一應俱全的食材、食譜、調料及設備，讓每一個人都能成為廚房裡的頂級大廚，而整體內部設計規劃適合各類的需求，如情侶聚會、好友相聚、生日派對、甚至求婚與婚宴等等。當然創業初期總是備感艱辛，也面臨到這樣新型態的服務還無法讓一般社會大眾認同的窘境，但隨著逐步的調整，以及前來體驗顧客的好評，甚至連前老闆施振榮先生得知Koko創業後，也專程前來捧場。後續隨著網路的傳播效益以及多方媒體的報導，更讓她的「KOOK Living」共享廚房成為都市中聚餐約會的一股新潮流。

在冰冷的城市中
持續打造如家般溫暖的共享空間

開業至今前來體驗這樣的生活方式以年輕人居多，常常會遇見使用「KOOK Living」空間的顧客，在招呼朋友時常不自覺的說道：「歡迎來我家！」。也因為這樣的一句話，讓她有著往前進的動力。因為家是一個非常私人的空間，有幸受到邀請，一定是主人相當重視的朋友。現代人的生活方式或許比古早時期富裕些，但是相對的，人與人間的相互關係卻是非常冷淡。過往長輩們那種常在家招呼親朋好友的場面，似乎只能在電視或是電影中才能看見那種場景。但Koko卻憑藉著自身對於「家」與「溫暖」的感覺，用這樣的方式拉近人與人之間心的距離。現階段也與許多的空間進行合作，以自身的規劃與經營方式，提供給想要經營空間的老闆們完整營運方式。更期待在台灣的每一個都會地區，都有一處「KOOK Living 」傳遞著Koko對於生命的熱情，用她一顆真摯的心，溫暖每一個在都會中努力打拼生活的人。

台越才女

趙詩涵

幼時離鄉背井
憑藉堅忍不拔的意志
活出自己想要的模樣

隨著台灣整體經濟發展躍進，台灣早成為越南當地嚮往移居或是工作的地方，就如5、60年台灣人想至美國發展的狀況類似，隨著台灣對於鄰近國家採取的開放政策，越南人來台的人數也是逐年增加，甚至在台定居，所以也有著二代或是三代的產生，而趙詩涵也因母親之故來到台灣。從完全聽不懂中文的狀況，到現在依靠自身努力，完成大學學歷後，考取海洋休閒觀光管理學系碩士班就讀，更憑藉自己勤工儉學的精神，前後考取動力小船駕照、美容丙級、美甲二級、女子美髮、男子美髮等證照，她向上努力的精神更成為許多年輕人的楷模，也為自己的未來開啟無限寬廣的天空。

四歲離鄉背井遠赴台灣
開啟嶄新的人生路

趙詩涵是名八年級生，若不是她自己訴說她的往事，沒人知道她竟是一名越南人。趙詩涵出生於越南，母親與生父在她出生後沒多久便離異，由於生活的地方是非常貧脊的鄉下，母親礙於現實的考量，只能將尚在襁褓中的她交付給外婆照顧，遠赴台灣工作。但因外婆年事已大，所以她常輾轉於母親的姊妹家居住。偶爾母親返越後，才會親自照顧她一段時間，再返回台灣繼續工作，所以四歲前與母親相處的時間並不長。後續母親在台灣認識現在的養

父，在情投意合之下共組家庭，待經濟稍稍穩定後，母親便與養父商量想將這個最疼愛的女兒，帶來台灣照顧，養父也毫不考慮允諾下來，也答應母親會好好疼惜這個女兒。後續在趙詩涵四歲那年辦妥一切手續後，母親也先行返台，因無法再支付一名大人陪同的費用，便讓年僅四歲的她獨自一人飛往台灣，開啟屬於趙詩涵不同的人生。

學習階段飽受欺凌
在師長關愛下漸漸成長

來到台灣的趙詩涵並未像一般小朋友一樣念幼兒園，而是到了念小學一年級時直接入學，入學的當天更是趙詩涵一段非常難忘的記憶，因為母親與養父都是從事外籍人力仲介及移民留學相關工作，平日工作相當忙，甚至忘了趙詩涵要入學的時間，當日就在非常匆忙下，連學籍名牌都是用雙面膠帶貼在制服上，然後穿著一雙小小的粉紅拖鞋，就被母親帶進校園中，開始她的求學階段。由於自己語言不同，根本不知道老師、同學在說些甚麼，非常無奈之下結束了開學第一天的生活，後續也因為語言問題與越南人的身分，常被同學欺負，但也是有好心的同學極力維護著她，後續導師也發現這樣的狀況，便傾盡全力的開始教導趙詩涵，而養父這裡也在下課後安排家教，讓她的語言能力能夠在最短的時間內提升，趙詩涵永遠記得母親對她說的一段話：「詩涵，妳是越南人，妳要比別人更加努力。」而這句話，也變成她自小到大的動力來源，

原本個性就好強的她更不願意被任何人瞧不起。後續也因為這樣堅定的念頭，讓她在課業上全力衝刺，高中至大學成績一直都是名列前茅，更是師長與同學心中品學兼優的好學生。

專心學習汲取新知擴展視野為未來的人生紮下穩固的基礎

趙詩涵在高中階段，因為養父生病而住進加護病房，趙詩涵為了不想造成母親與養父的負擔，所以從高中到大學一直都是半工半讀，雖然如此，但她也不會因此而荒廢學業，反而以靠著優異的成績拿到獎學金，順利完成自己大學的學業，而在這段時期她除了工作、念書之外，便是積極的去參與移民署或是職訓單位的課程，年紀不大的她便已擁有多項美容、美甲相關職業證照，憑藉著優異的表現更榮任移民署的親善大使，促進台越雙方的一些民間交流，大學畢業後考上了海洋休閒觀光管理系碩士，在念碩士期間考取動力小船的專業駕駛執照，身為一名新移民二代的身分，趙詩涵不論在學習還是在自我追求理想的實現上，總是令人為之一亮，而明年她即將完成碩士班的學業，面對未來也有著相當成熟的規劃，想考入移民局專司攸關越南方面事務，憑藉自己對於越南與台灣文化相當程度的了解，能為在台灣的越南同胞，提供更多有利於他們的幫助，更希望藉由自己能為台灣與越南二國搭起一座共利共存、相互協助的橋樑，看著趙詩涵對於自己未來藍圖侃侃而談，並嶄露屬於自己的光芒時，我深信她的未來是極具燦爛且美好的。

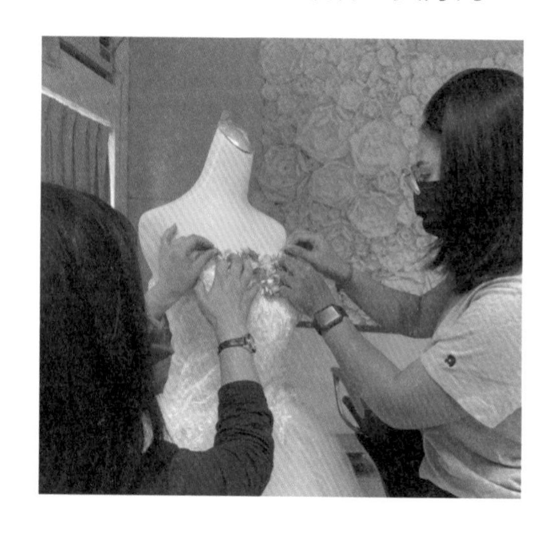

人生的壯遊
飄洋過海來台
開創自己的創業夢

說起土耳其，大家腦中浮出的畫面應該都是熱氣球漫天飛舞非常浪漫的情境，隨著國人的旅遊風氣越發興盛，土耳其這個國家也是國人心知嚮往的旅遊地，而約素夫這位道地的土耳其人，卻是在懵懂中來到台灣後，深深的愛上這裡，也在這開創屬於他的事業，也希望藉由不同方式的交流，讓更多人能認識土耳其文化，進而也愛上土耳其，就如他愛上台灣一般。

約素夫
(土耳其人)

一場美麗的錯誤
獨自來到台灣開始嶄新的生活

約素夫是個道地的土耳其人，在他還沒來到台灣前，甚至完全不知道有台灣這個國家。但為何會來到台灣就要從他念書時候說起，約素夫的家鄉是位在首都伊斯坦堡莫約3小時左右車程的一個城鎮中，當地人口約莫3萬人，念書時約素夫便有著飛行夢，夢想著成為飛行員，所以大學時便選讀相關科系，方便畢業後能夠直接地考取飛行員駕照、可以翱翔天際。大學畢業後正想報考飛行員時，卻遭到父親嚴厲的反對，理由是覺得不安全而且危險。由於土耳其的文化跟我們華人傳統文化極其相似，聽從父母的話是一項傳統也是鐵律。所以約素夫便放棄自己的飛行夢，但他還是想出國看看、繼續進修。而後選擇加拿大的學校就讀，就在他把所有手續辦完後、接獲

學校的入學通知，但要飛往加拿大的簽證卻遲遲無法核發，也因為這樣的緣故讓他錯失入學的機會。正當發愁時，碰巧有個朋友來訪，而這位朋友則是在台灣求學，就極力的邀約約素夫來台灣看看，並把他在台灣的所見所聞告訴約素夫，讓他對於這個從未聽到的國家感到好奇、自行上網找尋台灣的相關資料。約素夫覺得這個國家非常不錯，稟告父親並徵得同意後，約素夫很順利的完成手續後來到台灣，開始了神奇的旅程。

陌生的國度 陌生的語言
但是充滿濃濃的人情味

約素夫在2017年七月來到台灣，在朋友的協助下找到落腳處，也為了快速地融入台灣，直接進入中國文化大學學習中文，談到學中文時的窘況，約素夫說中文太複雜，而且寫中文時更是一項極大的考驗。在文大學習中文時，約素夫也強制自己每天要寫3000個中文字，在他心中希望能夠在最短的時間內完成一些基本會話，這樣他才可以更深入了解這個陌生的國度。經過九個月密集的學習後，約素夫基本上已經能夠應用一些日常用語，便開始探索整個台北市，每到假日就四處遊玩，以中文跟遇見的人溝通，也在一次次的交流中，對於台灣這個國家有了比較基本的認識。約素夫在土耳其當地有許多做生意的朋友，知道他人在台灣後，紛紛地請他協助代為採買一些台灣製造的機械零組件，因為土耳其當地從事商業人士都知道，

台灣所製造的物品都是相當有保證的，也因此約素夫一方面慢慢地融入台灣生活，二方面也做起了小型的外貿生意，後來因為採購的金額日趨龐大，在2018年正式成立一間公司，開啟了他在台灣的創業歷程。

推廣土耳其文化藝術之美
讓更多人認識伊斯蘭教的真義

在從事小型貿易的同時，約素夫也在觀察是否有其他的商機。碰巧這個時間點土耳其的熱氣球與景致開始出現在國內許多旅遊資訊上，更有許多網紅與部落客爭相發送許多關於土耳其的資訊，一時間土耳其這個國家變成國人出國旅遊的首選聖地，而約素夫也看中這樣的熱潮，便找了一個據點，以土耳其咖啡以及手工土耳其馬賽克燈具教學為主題，開始他另一個事業的經營。而這樣的空間成立，瞬間吸引了眾多的消費者前來朝聖，尤其是大家知道老闆是土耳其人時，顯得更加熱情。而約素夫也趁這樣的機會，宣揚自己對於阿拉的信仰，以流利的中文向每一位對於伊斯蘭教有興趣的台灣民眾介紹一些基本的認識，此外他自費印製了許多精美的可蘭經，分送給予有緣份的人，希望自己堅信的阿拉能夠庇護這些善良的人們。一晃眼約素夫在台已經五年多的時間，他深深的愛上台灣，並將這裡視為自己第二個故鄉，未來他更加希望能夠盡力的去宣揚土耳其的文化與伊斯蘭教的信仰，加深兩國人民的邦誼一起邁向更好的未來。

街頭藝人的先驅者
(街頭藝人之父)
張博威

憑藉對於表演藝術的喜愛 打造台灣街頭藝人 友善的環境

街頭藝人相信大家並不陌生，也因為有他們的存在，而讓台灣的許多地區有了不同的色彩。以前每到假日許多知名的觀光景點或是指標性的區域大都只能看見小販，但現今我們可以看見各式各樣的街頭藝人展現不同的才華，也為許多的都會區與風景區增添更多的活力與景緻。而張博威便是推動街頭藝人合法化的重要推手，憑藉著他對於街頭表演藝術與文化的熱愛，讓整個台灣擁有了不同的風景，也帶來更多樂趣與體驗。

學生時期的資優生 熱愛運動與音樂 註定有一段不平凡的經歷

張博威是苗栗縣後龍人，自幼便非常的活潑與外向，深獲許多長輩的喜愛。而母親因為從事家庭美容院的工作，常會有許多婆婆媽媽們來找母親做美容，而張博威便成為這些長輩最寵溺的對象。而父親則經營一間紡織成衣工廠，廠務繁忙，有時父親會帶著張博威去廠區裡轉轉以享天倫，父親本以為他會跟一般小孩一樣待不了多久便吵著要離開或是回家，但他卻非常懂事的看看需要收拾或幫忙的地方，會主動地去做一些簡單的整理工作，這也讓父親對於這個孩子未來有著更多的期待。而張博威在學校成績也不差，國中時期是資優班學生，也是第二屆中正盃全國冠軍的巧固球校隊成員，能文能武更是同學眼中的風雲人物，也因此深獲師長的喜愛。國二那年暑假正逢台灣的民歌興起，在當時民歌的年代會彈吉他是件很帥氣的事情，而張博威也沒有經過正統的訓練，就無師自通自學起吉他，開啟他喜愛音樂的歷程，升上國三那年更是在班上自組了一個樂團，初登場在學校司令台演出時更是轟動全校，也更加深他想要學習玩音樂的想法，但是父親總覺得學音樂是件沒有前途的事情，就不准他繼續玩音樂，而張博威也為了證明學習音樂不會耽誤課業，在明新工專電機系就讀時，利用課餘之時在木船西餐廳擔任駐唱歌手開始歌手之路。不但歌唱得好，在課業方面還是全部All Pass，當然也拿了不少獎學金。

2019
展演證

臺中市街頭藝人
TAICHUNG CITY

證號	A100043
姓名	張博威
藝名	街頭藝人教父阿威
類別	表演藝術類
展演項目	吉他彈唱
有效日期	110年10月31日

臺中市政府文化局

無緣邁向演藝之路 生活的歷練開啟人生不平凡的旅程

張博威在專三至專五之際，一直都在木船駐唱，也擁有一群死忠的歌迷，更在這二年磨練出深厚的演唱實力。17歲那一年的畢業舞會上，張博威擔任開場演唱，一開口便炸場、讓現場沸騰，而林志炫、李驥也是張博威的同學，當時只是台下的聽眾之一。當天演唱完後，便有唱片公司的星探直接來到後台希望能夠簽下他成為歌手，當下的他雀躍萬分，帶著合約書回到家中希望雙親能夠同意他進演藝圈，但在父親堅決的反對下也只能懷著不甘的心情放棄進入演藝圈的機會。父親的阻擋並未澆熄他喜愛唱歌的熱情。當兵時也憑著一股熱誠與長官的支持，在澎湖軍區成立第一支藝工隊，開始在軍區巡演慰勞各據點的官兵，深獲好評。

在退伍前，原本張博威心裡想著持續深造或是到國外求學，但此時的父親卻中風，需要長期治療，突如其來的劇變也讓他不得不重新規畫之後的人生路程。退伍之後張博威從事房仲業，歷經三年後自行創業，建立遍及全台灣第一的洗衣加盟連鎖事業，後來也看準當時台灣即將實施週休二日的時機，跨入旅遊書出版業，創造當年一上市就成為銷售排行第一的佳績，憑藉著自己商業的嗅覺以及擔任中廣旅遊節目主持人，引領一波國旅的新潮流。在從事旅遊業的當下，自己也常常出國考察，發現國外街頭藝人的演出真能替都市創造出不一樣的氛圍。於是在2003年創辦「台灣街頭藝人發展協會」，讓街頭藝人能夠合法的在街頭演出，並與政府相關部門協調相關的辦法，並為國內各類型的街頭藝人創造就業機會、帶動周邊商機的產值。

堅定信念 為街頭藝人請命
成為台灣街頭藝人教父第一人

街頭藝人早期在台灣並不合法、也無法可管，常跟流動攤販一樣被警察趕來趕去，讓從事街頭表演者苦不堪言，而張博威為了引發政府的關注，不惜賣屋賣車、出錢出力，分別在台北華山藝文特區、台中公園、高雄愛河等地，自費試辦了三場「街頭藝人嘉年華活動」，行文給各縣市政府邀約前來觀摩，然後再將整個技術層面轉移給政府，因此才有了街頭藝人合法證照的產生，而街頭藝人的風氣文化，也在台灣各處開枝散葉，並且創造不少素人藝術家的就業機會，更網羅了不少曾經大紅過的演藝圈藝人投入，近年來有許多企業家與退休的政府官員們，紛紛學習才藝來投入街頭藝人公益行善的行列，而這樣的貢獻更他成為「2012年台灣國際紀錄片雙年展」開幕片的主角及海報封面人物的肯定。張博威更希望在自己的堅持努力下，讓台灣各界的文創工作表演者有更多工作機會與表演舞台，能讓台灣成為一個真正有文化藝術氣息的國家。

用專業的學理與堅持 開拓自己「教、商」之路

張士行 教授

張士行教授春風化雨作育英才40餘年，在他的精心教導下培養出非常多優秀的學子。他在學術界是一位令人尊敬學者教授。而在產業界也因學而優則商，擁有自己的事業體以及多項有助於人體健康的商品，在他的專業與堅持下專精食用的產品，更希望由自己研發的各類食用產品，讓國人能夠吃的健康、吃的營養，用食療的方式給予現代人都能夠擁有強健的體魄、健康的身體。

天生的實踐者 用天人合一的思維厲行商賈之道

張士行教授出身於雲林，是台灣非常知名的學者之一，在三十多年前升任教授後，除了在校園作育英才之外，便開始創立自己的事業，並在南投竹山工業區開設公司。張士行教授除了專精學理外，對於各朝各代的歷史典故也有著相當的鑽研，而他最喜歡的朝代是宋代，而這個朝代對外的國力雖然是最弱的，但是GDP卻是最高，而宋代理學盛行，強調天人合一的精神，所以張士行教授便以此為出發點，從人民最基本的需求「吃」作為事業的開端，而發酵食品就是他著重發展的方向。所以在這樣的基礎下，研發出多種酵素產品、黑豆醬油 、食用水果醋、發酵的麝香貓咖啡等等，更開始推動食療的概念，讓現代人能夠在每日吃的過程中，得到原本有的營養讓身體機能，能夠獲得更多的活力元素。

推廣酵素健康觀念
以「量子酶化草藥信息」技術
重整傳統飲食

其實在多年前絕大多數人對於所謂的酵素都是一知半解，為了推廣酵素保健的觀念，張士行教授除了奔走四方演講外，也與出版社合作，著有「活酵素~大魚大肉也能活到130歲」一書，而其中更談到人要保持健康有非常多的方法，而人體直接食用微生物發酵特性所製成酵素食品，就是最有效的方式，缺點就是速度緩慢，但卻是目前世上最健康、最環保的養生之法，而國內外許多的名人都是酵素愛用者。除此之外，張士行教授更將蘇東坡所說的「開門七件事」以「量子酶化草藥信息」技術，延伸成為擁有健康的「開門15健事」，加入了酵(素)、醬(黑豆醬料)、醣、麴(紅麴、大麴)、鮮(新鮮蔬菜如氷花菜、萵苣)、辣(辣醬)、麥(麥芽)、菸(經過量子處理後無害)。除了在國內推廣外，也前進中國農村地區，用「量子酶化草藥信息」技術將植物做最好的應用，更施作在多年前非洲豬瘟盛行之時，取得相當大的效果，所以至今在中國某些地區更將張士行教授稱為「台灣草藥配伍之父」。後續因疫情緣由回到台灣，帶著許多實際應用的寶貴資料與數據，本想將這樣的成果帶給國人，卻礙於現行許多陳舊法規，讓許多原本能夠好好利用的方式在國內卻顯得窒礙難行。

心隨意轉而從心所欲不逾矩
寄盼多年的研究成效能得以傳承

自教授退休後，張士行教授也並未頤養天年，反而專精在眼下的事業體中，張士行教授雖然是工程與商

業背景出身，但因自家家學淵源(四代學中醫)，而多年來一直對於養生保健方面充滿興趣，並翻閱諸多國內外文獻資料，知曉未來必然是以微生物為主的紀元，而歷經許多的反覆驗證與實驗，更加證明「量子草藥信息酵素」的神奇之處，近年來各類酵素相關的產品也大受保健食品界的歡迎，多家廠商更前仆後繼地投入市場中，市面上各式各樣的產品種類繁多，令人眼花撩亂。但酵素畢竟不是所謂的萬能藥，它只是一項能夠讓人體恢復生理機能的工具罷了！會使用的人就能夠從中獲取大量益處，畢竟這也是源於大自然的產物，直至現在才有所謂專精的研究與發展，現代人有許多文明病產生，除了心理因素外，大多與自身的飲食以及現今各類食品有關。在各類美食的誘惑下，我們如何能夠吃的健康、吃的安心，便是值得令人思索的問題。健康是無價的，擁有了健康我們才能繼續往想要的目標去邁進，而張士行教授奉行實踐者的理念，也為一般大眾找到解決的方式，善用「活酵素」勢必能讓注重健康的人們，輕鬆達到想要的效果，健康是寶貴的，改變一下自身的殷實習慣，必能重獲健康且快樂的人生。

見證悲愴動盪的年代 以古詩詞與道德經 延續中華文化

三、四零年代是整個近代中國最為動盪不安的時刻，從對日抗戰到國共內戰連續的戰亂，讓許多平民百姓過著顛沛流離的生活，即便隨著時間也隨著物是人非，過往的這些場景對新生代來說只能從文字或是影像紀錄窺知一二。李增邦先生可以說是中國與台灣近代史上的見證人，歷經最困苦的歲月，更經歷過無數的生離死別。現今已八十多歲高齡的李增邦，由於極度熱愛中國的古詩詞以及專研道德經，更以他過人的智慧藉由書籍、文字紀錄、開辦學院的方式將中國傳統的文化得以繼續傳承下去。

李增邦

生於最動盪的時代 走過最悲愴的歲月

李增邦先生於民國25年出生於南京，而隔年就在南京發生舉世震驚令人髮指的南京大屠殺事件。而李增邦一家人，因其大伯李松元時任當時陳儀將軍的秘書。知曉日軍正準備攻打南京城，在大伯極力勸說與協助下，全部的親屬順利在1937年初撤回到揚州的故鄉，很幸運地逃過這樣的大劫難。所以自幼李增邦便在這素有文化古都美譽的揚州長大。當年整個國家是兵荒馬亂之際，但教育也是國之根本，所以當時除了一、二所國民小學外，一般民眾想要上學識字，就只能去念私塾。而六歲那年李增邦也到了上學識字的年紀，在家人的安排下進入私塾學習。而當時私塾老師教導的都是儒家道統如大學、論語、中庸等等。這些老師仍舊是用傳統的教學方式，就是帶著學生念、識字然後背誦，然後也不會去解釋這些文字的意義與內涵，況且當時又逢戰亂，常面臨打戰就停課，不打時復課的階段。而到了民國34年對日抗戰勝利，原本以為可以迎接平靜的生活，不料又繼續發生國共內戰。而對於李增邦而言雖然在私塾裡念了四年書，但真正能安定上學的日子應該不超過半年，所以幼年的求學階段也僅僅只是認識了一些字罷了！不過在當時也算得上是難能可貴的求學機會。

遠離故土 勤奮向學 作育英才

由於中國內戰嚴重，為躲避戰亂的生活，李增邦的雙親便於民國36年帶著年幼的他來到較為平和的台灣，來台

時已經11歲，所以安排在台北的東門國小三年級就讀，但初入學的程度還不如小一的學生，不認識注音符號更不會九九乘法表這些基本的知能，當時的他著實非常氣餒與苦惱，但年幼的他就有著不服輸的精神，遇上課堂上不懂的地方就拼命地請教老師及同學，就這樣漸漸能夠追上同齡同學的進度。畢業後便一直勤奮向學，一路念到中興大學的法商學院，在那個年代大學生真的就是鳳毛麟角的存在，而李增邦的表現也讓家人們備感欣慰。服完預官役後先後進入基隆商職與松山商職擔任教師，後續更考進中央信託局擔任公務人員直至退休。

退而不休 專精佛法與古詩詞 延續中華傳統文化

退休後的李增邦，並不像一般退休人士過著閒雲野鶴的生活，相反的他更汲汲地去專研過往可能沒有時間去做

的一些事情，由於童年都在揚州度過，兩岸開放交流後，他也踏上尋根的旅程回到揚州，而在中國古代詩詞中，關於詠頌揚州的古詩詞相當的多，所以自1979年開始，李增邦就產生了製作這本詩集的念頭。他藉著走訪海峽兩岸的機會，看到與揚州有關的古典書籍就買回學習。也在他精心的編纂下，「詠揚州古城」一書在2015年出版，而李增邦先生更以台灣揚州同鄉會理事長身分將此書捐給揚州市，更為兩岸的交流平添一段佳話。除了古詩詞外李增邦也接觸佛法，更以弘一大師為鏡，在佛法的修持上也深有所獲。近年來李增邦先生則專精在老子道德經，為了能夠讓社會大眾深層地認知老子的智慧，目前李增邦以「社團法人中華三聖協會老子書苑」負責人的身分採用了現代思維、現代白話文語句，闡釋老子道德經哲理。我們相信李增邦的願力應該有利社會大眾共同研習道德經，讓更多人理解、明白道德經的真實義，甚至更喜愛這部深奧的中華古典哲學。讓這部中華最古老的智慧寶典得以綿綿不絕繼續地弘揚、傳承下去，造福炎黃子孫、造福全人類。依據聯合國文教科文組織的統計，道德經是基督教聖經之外，出版量最多的書籍，足以證明老子智慧能量的發揮，有利全人類的和諧、和平。有利世界大同的實現、有利全人類享受共同富裕的達成。

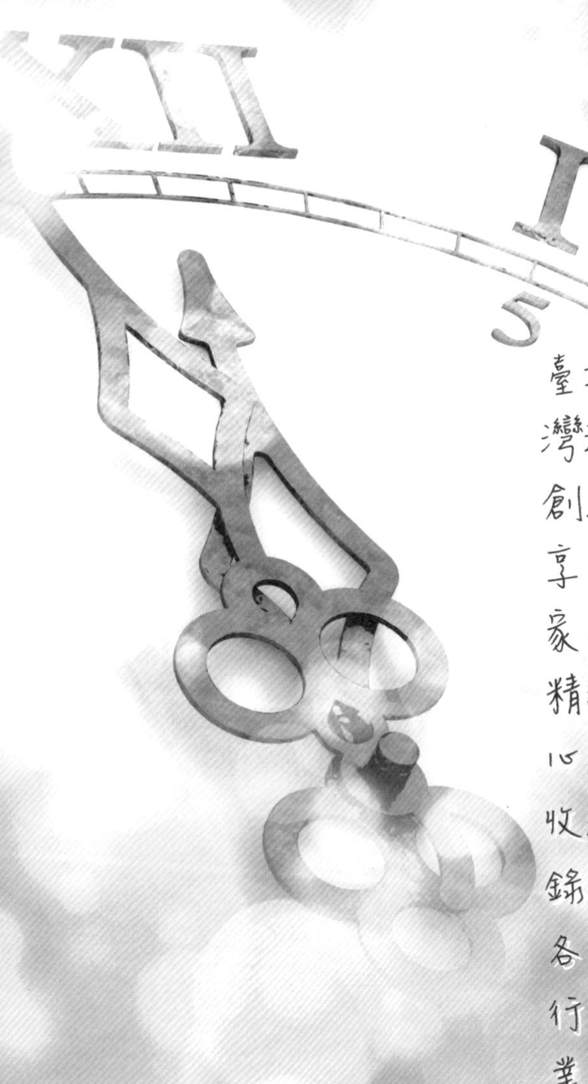

臺端畢生博奮鬥
灣環曲折多傳奇
創造軼聞付梓著
享樂夙昔汗淚水
家祚延綿日興旺
精誠感天終青雲
心到神知勤為徑
收緣結果種善因
錄製成書當教案
各盡所能獻真情
行手喜極欣典藏
業界大讚好功德
憾恨飄散導正道
動人思弦登青英
故舊不棄廣斧政
事蹟陽光握良機

有病痛不可怕，怕的是你不理它

全衆創辦人張証壹先生本身工程科學背景，以及擁有健康管理師證照的企業家。在三十歲一場大病後，開啟了專研健康的範疇，推廣人人落實健康四要素「飲食均衡、適當運動，睡眠充足，愉快心情」。由於長期涉略相關健康產業，對於現代人因工作與壓力所延伸出的文明病相當關切，在機緣之下結合中醫配方獨立研發出對於現代人健康有助益的飲品，「花旗蔘銀耳露」以及「枸杞黑木耳露」採用傳統古早配方製成，是現代人不可或缺的健康營養補充品。

飲食均衡從天然食材下手

現代人外食族居多，要維持飲食均衡是非常不容易做到的，也因此產生許多文明病，例如便秘、失眠、三高等等。根據衛服部調查，百分之二十五以上的國人或多或少都有便秘問題，這次由於綠色蔬果攝取量不足所延伸出來的結果。另外由於現代人幾乎都在巨大的工作壓力下生活，多數人會感覺到容易疲憊以及氣血不足的症狀。飲品中，黑木耳本身有豐富的鐵質，而白木耳有豐富的鈣質，再加入了花旗蔘以及枸杞，其中的鈣鎂鐵等微量元素，是多數人在日常生活中不易補充的，「花旗蔘銀耳露」以及「枸杞黑木耳露」都讓食用者除了幫助腸胃蠕動增強自身消化功能同時，更能增加自身的免疫力，讓身體更加健康。

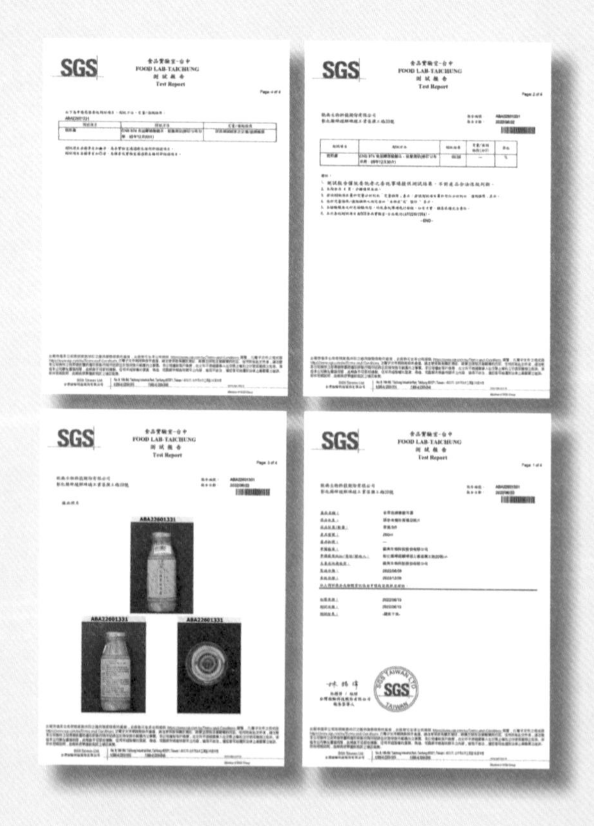
SGS
FOOD LAB-TAICHUNG
Test Report

嚴選素材，濃稠順口好滋味

「花旗蔘銀耳露」以及「枸杞黑木耳露」都是遵循古法煉製而成，與市面同款產品比較，除了甜度低不參雜任何甜味劑外，我們的內含物也是市場中份量多的。「枸杞黑木耳露」黑木耳內含物高達百分之十八以上，而「花旗蔘銀耳露」更有百分之六十以上，絕對超越市面上同款飲品。更通過國家級SGS的認證，讓消費者可以安心食用

推廣羽球運動深入生活，提升民眾運動參與率

張証壹除了忙於事業外同時也是新北市三重區體育會羽球委員會的副主委，喜愛羽球運動的他更在工作之餘推廣羽球運動，並成立「快樂羽球FUN」本持著「以球會友，快樂羽球，健康工作，幸福生活」的理念，讓更多民眾認識羽球運動，也讓更多羽球愛好者有場地活動，精進球技。

每週日下午3個小時在光興國小羽球場有羽球教學、切磋交流賽的活動。另期望與中小企業主來合作，共同舉辦羽球賽事，鼓勵公司同仁培養終身運動習慣。

聯絡人: 張証壹副主委 0978-233761

全眾黑白木耳
飲訂購line@

快樂羽球
Fun 粉絲

快樂羽球
Fun line

齊聚相遇 緣分再續

全新台東市區透天民宿

適合情侶、夫妻蜜月之旅

適合家族旅遊11~14人包棟民宿

戶外庭園烤肉區/浪漫鞦韆

平價住宿/溫馨舒適

在外漂泊打拚多年，自回到故鄉，才發現太多美好的回憶、珍貴的親情都在這裡。

悠閒的生活環境與後山獨特緩慢的步調，讓人自然而然融入台東。

「齊遇」是民宿主人自「墾丁夏都沙灘酒店」副總經理職位退休，並離開「宏國德霖科技大學」助理教授教職後，返鄉全心打造的快樂生活園地。在這鬧中取靜的文教區，全新舒適的民宿裡，花崗岩步道、親植芒果樹、蓮霧樹、諾麗果樹、紅心芭樂樹，築構成綠意盎然生氣蓬勃的庭園。搖盪於民宿主人親手打造的情人鞦韆，心中湧現舒暢自在的快意！「齊遇民宿」想要分享給大家，在度假時有如回家的舒適感受，歡迎大家來「齊遇」齊相遇！

貼心服務:

- 公用客廳 / 冰箱 / 飲水機
- 戶外庭院 / 盪鞦韆
- 提供美味早餐(麥當勞餐券)
- 周邊停車方便
- 提供烤肉場地(限包棟)、代訂烤肉食材
- 提供嬰兒澡盆
- 提供付費接送服務
- 提供腳踏車
- 寄放行李
- 全面禁菸 / 禁帶寵物
- 套裝行程諮詢 / 當地旅遊諮詢
- 代租汽車、機車

持「國民旅遊卡」以電話訂房者，可享「國旅卡」優惠專案

民宿地址：台東縣台東市文山路15號

訂房專線：0912-205333 / 0911-650912

FB粉絲專頁

台灣美博城國際股份有限公司，為台灣國際級保養品工廠的子公司，旗下品牌PERFECTG擁有眾多強而有力的創新商品。堅持OEM/OBM/ODM一條龍服務。產品研發部門一直研發和製造最新產品及嚴格把關所有產品的品質，以提供市場最優質的產品。

PG（PERFECTG）的時尚與玩美從台灣，一路"延伸"到了廈門、香港、深圳、福建、廣州、東莞、馬來西亞、新加坡...等國家和地區，與愛美的"您"相識、相知。

目前品牌已經發展到10個國家：新加坡、馬來西亞、柬埔寨，中國、日本、越南、泰國、法國、韓國、美國等，2021年更獨家進駐新光三越左營高鐵店。

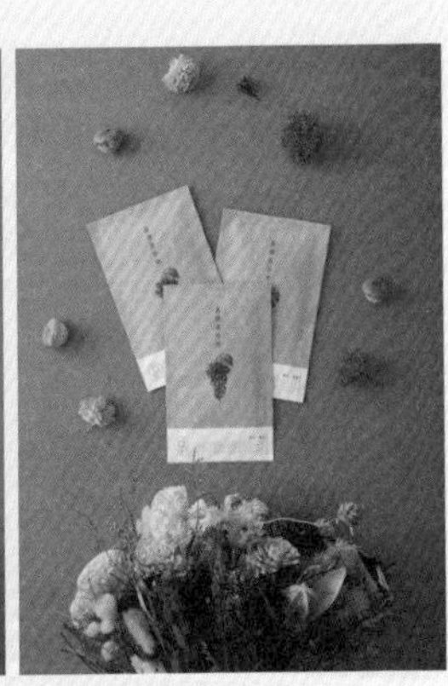

PG(PERFECTG)的堅持

1. 堅持專業以專業的知識研發國際最新的美容獨家配方。
2. 堅持有效使用最新、最有成效的成分。
3. 堅持平價以直營原料價提供最高品質的產品。
4. 堅持蛻變不停挑戰不同消費者肌膚的需求改善各種肌膚問題。
5. 堅持用心秉持「以真誠的心服務、用熱情感動」每一位顧客。品牌主色系以極簡風格為基調，展現創新、熱情與活力。

- 商品嚴選承諾保證採用產銷合一、工廠直營的方式，為商品品質做最嚴格把關。
- PG的產品有廣泛的行銷通路，來自眾多消費者的支持與肯定使PG的產品更有信心。
- PG對品質要求更嚴苛的開始，而所有消費者的支持與愛用，更是監督PG的關鍵動力。

品牌形象網站

繁體版

簡體版

英文版

法文版

泰文版

綠色冀泉社會企業創辦人陳宇華曾是台灣保險業資深主管，在保險業工作22年，擁有18張金融證照，連續五年入圍「台灣保險卓越獎」最佳社會貢獻獎，2014年毅然捨棄年薪300萬元的高薪，創立一家短期不太會有獲利的社會企業—綠色冀泉，從「種樹」開始一步步實現小時候的志向。

綠色冀泉復育台灣原生樹種而找到樹的循環經濟，我們所能作的最簡單、最環保、最永續的事情就是一起來種樹!除了藉由牛樟樹帶來的循環經濟效應，綠色冀泉再結合物聯網、人工智慧，大數據量化樹的生態價值，導入區塊鏈技術，推行出GBC綠金幣(Green Bill Coin)，發展綠金鏈。

我們發明3原創生概念，整合新創6組技術人才，跨域連結9大產業合作，關注解決12項永續指標，計畫始於1片牛樟葉子。

陳宇華執行長榮獲第三屆
亞洲華人之光傑出事業奉獻獎

綠色冀泉企業歷年來為台灣綠色議題所做的努力與貢獻

2016年 牛樟樹的『循環經濟』產品：牛樟落枝文創系列-鉛筆/鑰匙圈/獎牌、牛樟樹造景盆栽(竹藝)、牛樟精油(颱風系列-尼伯特)、寵物天堂樹、魔樹方塊。

2016年 『以樹養球』：提出偏鄉小足球員比賽贏球，我們就在廢校區種樹，將樹的三分之一營收給球隊及球員，三分之一繼續種樹，三分之一支付公司管銷，已備ESG精神，解決足球發展經費匱乏問題，將廢校活化為亞洲第一個『森林足球場』

2019年 示範區正式啟動，樹苗來全部來自於『類綠建築』綠管家所育。

2017年 『類綠建築』：將鄉村苗圃延伸到都市屋頂與陽台，參與者共享育苗收益，可快速增加都市綠色面積，緩解都市熱島效應。

2018年 全台第一棟類綠建築在中國科大自強樓啟動(600棵)。

2020年 加入桃園與南投育苗夥伴(3300棵)

2022年 結合台新金控攜手台東12家社福團體啟動公益植樹共好計畫(4000棵)。

2023年 『台灣之肺-樹光大道計畫』：以一人一千一樹為基礎，目前在2030年前種下100萬棵台灣原生種，打造百億智慧精緻林業，翻轉窮縣窘境，並還利於民。

2023年 結合國泰人壽成立60所花東學校成立以樹養球聯盟。

2023年 『95%社企大平台』為新零售系統：採封閉型會員收費機制，為會員種下一棵牛樟樹，同時確保上架社企穩定收益，會員終身享有優質社企商品與服務，身故退還所有消費款。

綠色冀泉粉絲團

綠色冀泉官網

艾草系商品

從古至今為大家喜愛的東方療癒系植物－艾草，具有除菌抗疫/趨吉避凶/淨化磁場/招財開運/增正能量之多種功效，全方位淨化除穢，輕鬆淨化磁場去霉運！

【天然漢方艾檀薰香環】

天然植物薰香，台灣製造，遠離蚊蟲，用心呵護全家人。

嚴選最天然的艾草，味道清香，無化學成分，產品通過SGS檢驗報告，有效驅蟲，家中有小朋友、長輩都能安心使用，燃燒時間約7小時，用心守護家中每個角落。

【艾草沐浴乳】

五星級艾草沐浴乳，香氣怡人，沐浴同時洗去一天的負能量。

天然植物萃取，具有舒緩調理肌膚功效，提升肌膚保護力，淡淡青草芬芳溫和怡人，可舒緩緊繃的肌膚，含豐富維他命E，潤澤肌膚減緩水分流失，PH5.5弱酸性，溫和沐浴，更能放鬆身心靈。

抗疫除穢洗衣組

【艾草精油抗菌洗衣乳】

艾草趨吉避邪、淨化除障，天然殺菌、潔淨天然，國際ISO品質認證，使用安心。

天然草本，溫和不刺激，怡人清香，清除異味污漬，無苯、無磷、無螢光劑，深層洗淨頑強汙垢，除穢抑菌，洗衣也能輕鬆洗淨開運。

【檀香濃縮洗衣精】

檀香招財檀香招財驅邪、淨化除障、清香溫和，國際ISO品質認證，使用安心。

天然草本，溫和配方，不傷衣物布料纖維，天然小蘇打添加檀香香精，衣物不悶臭，輕鬆帶走衣物異味，超濃縮用量少更省錢，安心把關品質保證。

奕驊文創&恩鼎紙業－超能燒金爐發展部

環保與信仰兼顧的環保金爐－文化傳承、環保、健康安全我都要

您買爐，我種樹！

奕驊文創＆恩鼎紙業與綠色冀泉社會企業合作，復育牛樟樹種，以樹吸收二氧化碳，致力於延續傳統的同時，實踐環境保護，為子孫留下美好未來。

【渦流式環保爐】

讓您響應環保與健康安全的同時，一併延續傳統虔誠的美好。

燃燒爐風向裝置專利核心技術，加速燃燒，可大幅減少煙霧，進而降低PM2.5及異味產生。

簡單操作一鍵啟動，1分鐘達可燃燒溫度！

正宗金爐達人
ID循環爐

FB-奕驊文創

FB-超能燒PB
渦流爐

官方網站-
奕驊文創

蝦皮賣場-
奕驊文創

新開幕

健康時尚-新風潮靜脈營養點滴

-旋風引進高雄-

- 環境舒適寬敞
- 設備新穎
- 服務親切

本院特色

增強體力　消除疲勞　養顏美容

院長 范思善 醫師

學歷

國防醫學院醫學士，高雄醫學大學醫務管理碩士

經歷

中華民國心臟學會會員
中華民國外科專科醫師
中華民國胸腔心臟血管外科專科醫師
前屏東基督教醫院國際醫療副院長
前屏東基督教醫院人體試驗委員會主任委員
中華民國第23屆醫療奉獻個人獎
前屏東地檢署榮譽法醫師
長期進駐非洲馬拉威姆祖祖市中央醫院外科主任醫師

主治項目

三高特別門診｜各種慢性疾病｜慢性處方簽｜健康檢查｜體重管理｜失眠｜過敏
焦慮｜貧血｜膚疾病｜靜脈曲張治療｜動靜脈瘻管治療｜遠距醫療｜營養點滴自費治療
音波自費醫療美容｜EECP體外心臟反博治療｜癌疲患者營養點滴

門診時間	一	二	三	四	五	六	日
早上 0900-1200	○	○	○	○	○	○	休診
下午 1300-1900	○	○	○	○	○	○	休診

高雄市美術南3路130號　TEL:07-3503337 歡迎來電預約諮詢~

版權頁

書　　　名：臺灣百大創享家-(2023年517臺灣臉部平權日精選版)
作　　　者：林作賢、彭奕稀
總　編　輯：彭奕稀
責任編輯：廖淨程
書籍規劃編撰：萬偉
美工設計：楊時睿、蔡明芳
書籍封面封底設計：巨虎創意有限公司
書籍行銷：時光策略整合行銷
出版發行公司：時光策略整合行銷
新北市板橋區民生路2段232號5樓之3
總　經　銷：白象文化事業有限公司 電話/04-2496-5995
電　　　話：0968-750-900
初　　　版：2023年05月17日

國家圖書館出版品预行編目(CIP)資料
台灣百大創享家(2023年517交灣臉部平精選版)
林作賢，彭奕稀作·一 初版.—新北市：時光策略整合行銷，2023.05
面：公分
ISBN 978-626-97374-0-6(平裝)
1.CST：創業 2.CST：人物志3.CST：台灣
494.1　　112006450